21 世纪高等职业教育数学规划教材

新编微积分

主编　刘书田
编著　李志强　高淑娥　周友军

图书在版编目(CIP)数据

新编微积分/刘书田主编. —北京：北京大学出版社，2009.6
(21世纪高等职业教育数学规划教材)
ISBN 978-7-301-14421-3

Ⅰ. 新…　Ⅱ. 刘…　Ⅲ. 微积分-高等学校：技术学校-教材　Ⅳ. O172

中国版本图书馆CIP数据核字(2008)第169141号

书　　名：新编微积分
著作责任者：刘书田 主编　李志强　高淑娥　周友军 编著
责 任 编 辑：刘　勇
标 准 书 号：ISBN 978-7-301-14421-3/O・0766
出 版 发 行：北京大学出版社
地　　址：北京市海淀区成府路205号　100871
网　　址：http://www.pup.cn　　电子信箱：zpup@pup.pku.edu.cn
电　　话：邮购部 62752015　发行部 62750672　理科编辑部 62752021　出版部 62754962
印 刷 者：北京虎彩文化传播有限公司
经 销 者：新华书店
787mm×960mm　16开本　10.5印张　240千字
2009年6月第1版　2022年8月第5次印刷
定　　价：32.00元

内容简介

本书是高等职业教育数学基础课微积分的教材. 全书共分五章,内容包括: 函数与极限,导数与微分,导数的应用,积分及其应用,多元函数微分学. 本书每节有“学习本节要达到的目标”,节后配有适量的 A、B 两组习题;每章后配有总习题,供教师和学生选用;书后附有习题参考答案,对较难的习题有习题解答供读者参考.

本书注重基础知识的讲述和基本能力训练,本着重素质、重能力、重应用和求创新的总体思路,根据目前高等职业教育数学课的教学实际,并参照授课学时精选内容编写而成. 本书叙述由浅入深、通俗易懂,概念清晰,难点分散,例题典型又贴近实际,注意归纳数学思想方法、解题思路与解题程序,便于教师教学与学生自学.

本书可作为高职高专经济管理类各专业大学生微积分的教材,也可作为文科相关专业大学生的数学教材或教学参考书.

《21世纪高等职业教育数学规划教材》

前　言

当前,我国高等职业教育蓬勃发展,教学改革不断深入,高等职业院校数学基础课的教学理念、教学内容以及教材建设也孕育在这种变革之中. 目前高职院校正在酝酿或进行的教学内容和授课学时的调整是教学改革中的一部分,这势必要求教材内容也应反映相应的改革精神. 为了适应高职数学基础课教学内容和课程体系改革的总目标,培养具有创新能力的高素质应用型人才,我们应北京大学出版社的邀请,经统一策划、集体讨论,分工编写了这套《21 世纪高等职业教育数学规划教材》. 这套教材共分三册,其中包括《新编高等数学》、《新编微积分》、《新编线性代数与概率统计》.

本套教材本着重基础知识、重基本训练、重素质、重能力、重应用、求创新的总体思路,在认真总结高职数学基础课教学改革的经验基础上,由长期在教学第一线具有丰富教学经验的资深教师编写.

本书是《新编微积分》分册,它具有以下特点:

1. 以高职高专学生的基础知识状况、教学课时相应调整、与后继课程相衔接为依据,调整结构体系,精选教材内容;注意与生产、管理的实际需求相适应,力求实现基础性、科学性、系统性的和谐与统一.

2. 按照认知规律,以几何直观、物理背景和经济解释作为引入数学概念的切入点;对重要内容的讲解简洁、透彻,特别是对微积分在经济领域中的应用的讲述颇具新意,便于学生理解与掌握.

3. 内容叙述由浅入深、通俗易懂、难点分散,注意归纳数学思维方法及解题程序.

4. 强调基础训练和基本能力的培养. 紧密结合数学概念、定理和运算法则配置适量的例题,按节配置 A,B 两组习题,每章配有总习题,书末附有习题答案和较详细的提示,便于读者参考.

本书的上述特点便于任课教师根据教学课时选择和安排教学内容,同时也便于学生自学.

本书由刘书田、李志强、高淑娥、周友军执笔编写,并由主编刘书田对全书进行了统稿,经修改后定稿. 参加本书编写工作的还有冯翠莲、何自金、杨丽丽、甘艳、于学文、石莹.

本套教材在编写过程中得到了北京工业大学实验学院、北京交通职业技术学院、首都经济贸易大学密云分校有关领导的大力支持,同时也得到了北京大学出版社的积极支持和帮助,在此一并表示衷心的感谢.

限于编者水平,不足之处恳请读者批评指正.

编 者

2009 年 4 月

目　录

第一章 函数与极限

微积分学研究的对象是函数,函数极限和函数连续性的基本内容是研究微积分学所必须具备的知识.

本章先复习函数概念和初等函数,然后讲述函数的极限概念及其运算,并在此基础上导出函数的连续性概念及连续函数的性质.

§1.1 函数概念

【学习本节要达到的目标】

1. 理解函数定义,反函数定义和复合函数定义.
2. 了解函数有界性的定义.

一、函数概念

1. 函数定义

在我们的周围,变化无处不在.所有的事物都在变化.在一些变化着的现象中存在着两个变化的量,简称**变量**.两个变量不是彼此孤立,而是相互联系、相互制约,当其中一个量在某数集内取值时,按一定的规则,另一个量有唯一确定的值与之对应,变量之间的这种数量关系就是**函数关系**.

定义1 设 x 和 y 是两个变量,D 是一个给定的**非空数集**.若对于每一个数 $x\in D$,按照某一确定的**对应法则** f,变量 y 总有唯一确定的数值与之对应,则称 **y 是 x 的函数**,记为

$$y=f(x),\quad x\in D,$$

其中 x 称为**自变量**,y 称为**因变量**,数集 D 称为该函数的**定义域**.

定义域 D 是自变量 x 的取值范围,也就是使函数 $y=f(x)$ 有意义的数集.由此,若 x 取数值 $x_0\in D$ 时,则称该函数在 x_0 **有定义**,与 x_0 对应的 y 的数值称为函数在点 x_0 的**函数值**,记为

$$f(x_0) \quad 或 \quad y|_{x=x_0}.$$

当 x 遍取数集 D 中的所有数值时，对应的函数值全体构成的数集

$$Y=\{y \mid y=f(x),\ x\in D\}$$

称为该函数的**值域**. 若 $x_0 \notin D$，则称该函数在点 x_0 **没有定义**.

由函数的定义可知，决定一个函数有**三个因素**：定义域 D，对应法则 f 和值域 Y. 注意到每一个函数值都可由一个 $x\in D$ 通过 f 而唯一确定，于是给定 D 和 f，则 Y 就相应地被确定了；从而定义域 D 和对应法则 f 是决定一个函数的**两个要素**. 称**两个函数相等**，是指它们的定义域相同且对应法则也相同.

直角坐标平面上的点集

$$\{(x,y) \mid y=f(x),\ x\in D\}$$

称为函数 $y=f(x)$ 的图形或图像. 函数的图形一般是坐标平面上的一条曲线(包括直线).

例 1 设函数 $y=f(x)=\dfrac{1+x^2}{x-2}$.

(1) 求 $f(0),f(a),f(x_0+h)$； (2) 求 $f(-x),f(x-1),f(f(x))$；

(3) $f(2)$是否有意义，为什么？

解 (1) 这是已知函数的解析表达式，求函数在指定点的函数值.

$f(0)$表示已知函数 $f(x)$在 $x=0$ 处的函数值. 用 0 代换解析式$\dfrac{1+x^2}{x-2}$中的 x，得

$$f(0)=\left.\frac{1+x^2}{x-2}\right|_{x=0}=\frac{1+0^2}{0-2}=-\frac{1}{2}, \quad 或 \quad y|_{x=0}=\frac{1+0^2}{0-2}=-\frac{1}{2}.$$

同理可得

$$f(a)=\frac{1+a^2}{a-2} \quad 或 \quad y|_{x=a}=\left.\frac{1+x^2}{x-2}\right|_{x=a}=\frac{1+a^2}{a-2};$$

$$f(x_0+h)=\frac{1+(x_0+h)^2}{(x_0+h)-2} \quad 或 \quad y|_{x=x_0+h}=\left.\frac{1+x^2}{x-2}\right|_{x=x_0+h}=\frac{1+(x_0+h)^2}{(x_0+h)-2}.$$

(2) 这也是求函数 $f(x)$在指定点$-x,x-1,f(x)$处的函数值，但$-x,x-1,f(x)$又不是具体点.

用$-x$ 代换解析式$\dfrac{1+x^2}{x-2}$中的 x，得

$$f(-x)=\frac{1+(-x)^2}{-x-2}=-\frac{1+x^2}{x+2}.$$

同理，有

$$f(x-1)=\frac{1+(x-1)^2}{(x-1)-2}=\frac{x^2-2x+2}{x-3};$$

$$f(f(x))=\frac{1+(f(x))^2}{f(x)-2}=\frac{1+\left(\frac{1+x^2}{x-2}\right)^2}{\frac{1+x^2}{x-2}-2}=\frac{x^4+3x^2-4x+5}{(x^2-2x+5)(x-2)}.$$

(3) $f(2)$没有意义.因为函数$f(x)$的定义域是$(-\infty,2)\cup(2,+\infty)$,$f(x)$在$x=2$处没有定义.

例 2 旅客乘飞机可免费携带不超过 20 kg 的物品;超过 20 kg 的部分每 kg 交费 a 元,最多只能携带 50 kg.若以 x(单位:kg)表示物品的重量,y(单位:元)表示应交运费,则 x 与 y 之间的数量关系应如下确定:

当 x 不超过 20 时,应有 $y=0$;

当 x 超过 20 而不超过 50 时,应有 $y=a(x-20)$.

于是,应有

$$y=\begin{cases}0, & 0\leqslant x\leqslant 20,\\ a(x-20), & 20<x\leqslant 50.\end{cases}$$

上述公式表明了变量 x 与 y 之间的函数关系;这是用两个数学式子表示一个函数.

若一个函数要用两个或多于两个数学式子来表示,即一个函数,在其定义域的不同部分用不同的数学式子来表示,我们称其为**分段函数**.

例 3 函数

$$y=|x|=\begin{cases}x, & x\geqslant 0,\\ -x, & x<0\end{cases}$$

称为**绝对值函数**.它的定义域 $D=(-\infty,+\infty)$,值域 $Y=[0,+\infty)$,其图形如图 1-1 所示.这是分段函数.

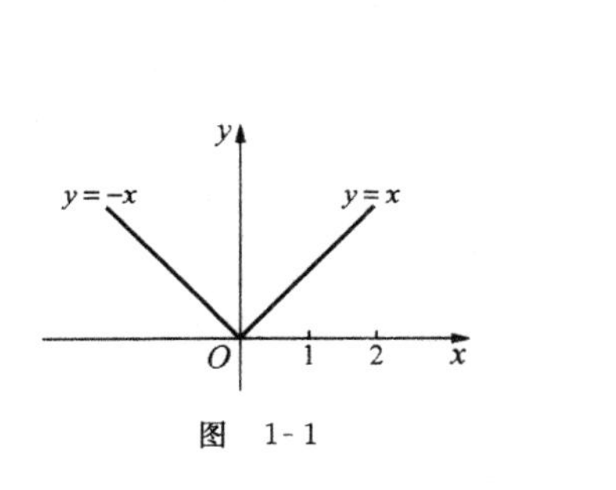

图 1-1

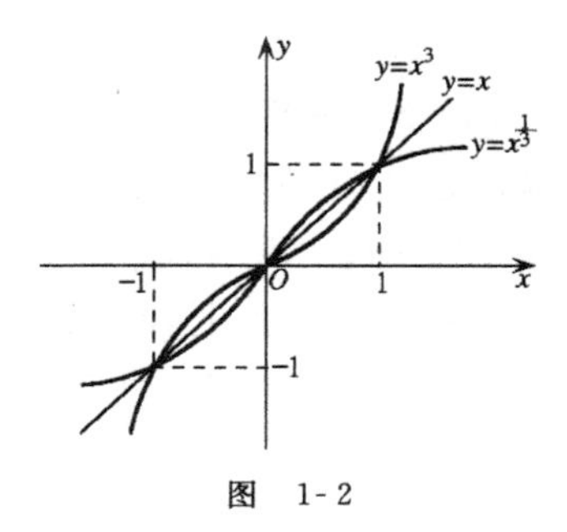

图 1-2

2. 反函数

对函数 $y=f(x)=x^3$,x 是自变量,y 是因变量.若由此式解出 x,得到关系式

$$x=\sqrt[3]{y}.$$

在上式中,若把 y 看做自变量,x 看做因变量,则由 $x=\sqrt[3]{y}$所确定的函数称为已知函数 $y=x^3$

的**反函数**. 习惯上,用 x 表示自变量,y 表示因变量,通常把 $x=\sqrt[3]{y}$ 改写为 $y=\sqrt[3]{x}$.

由图 1-2 知,函数 $y=x^3$ 与其反函数 $y=\sqrt[3]{x}$的图形关于直线 $y=x$ 对称.

把这样的问题一般化,便有下述**反函数的定义**.

定义 2 已知函数

$$y=f(x),\quad x\in D,\ y\in Y.$$

若对每一个 $y\in Y$, D 中只有一个 x 值,使得

$$f(x)=y$$

成立,这就以 Y 为定义域确定了一个函数,这个函数称为**函数 $y=f(x)$ 的反函数**,记为

$$x=f^{-1}(y),\quad y\in Y.$$

按习惯记法,x 作自变量,y 作因变量,函数 $y=f(x)$的反函数记为

$$y=f^{-1}(x),\quad x\in Y.$$

若函数 $y=f(x)$的反函数是 $y=f^{-1}(x)$,则 $y=f(x)$也是函数 $y=f^{-1}(x)$的反函数,或者称它们互为反函数. 关于反函数的存在性有下述**结论**:

单调函数必有反函数,而且单调增加(减少)函数的反函数也是单调增加(减少)的.

3. 复合函数

对函数 $y=\sin x^2$,x 是自变量,y 是 x 的函数. 为确定 y 的值,对给定的 x 值,应先计算 x^2;若令 $u=x^2$,再由已求得的 u 值计算 $\sin u$,便得到 y 值: $y=\sin u$.

这里,可把 $y=\sin u$ 理解成 y 是 u 的函数;把 $u=x^2$ 理解成 u 是 x 的函数. 这样,函数 $y=\sin x^2$ 就是把函数 $u=x^2$ 代入函数 $y=\sin u$ 中而得到的. 按这种理解,函数 $y=\sin x^2$ 就是由 $y=\sin u$ 和 $u=x^2$ 这两个函数复合在一起构成的,称为**复合函数**.

定义 3 已知两个函数

$$y=f(u),\ u\in D_1,\ y\in Y_1;\quad u=\varphi(x),\ x\in D_2,\ u\in Y_2,$$

则称函数 $y=f(\varphi(x))$是由函数 $y=f(u)$和 $u=\varphi(x)$经过复合而成的**复合函数**. 通常称 $f(u)$是**外层函数**,称 $\varphi(x)$是**内层函数**,称 u 为**中间变量**.

函数 $y=f(\varphi(x))$看做是将函数 $\varphi(x)$替换函数 $y=f(u)$中的 u 得到的.

复合函数不仅可用两个函数复合而成,也可以由多个函数相继进行复合而成.

复合函数的本质就是一个函数. 为了研究函数的需要,今后经常要将一个给定的函数看成是由若干个函数复合而成的形式.

例 4 已知函数 $y=f(u)=\mathrm{e}^u$,$u=\varphi(x)=\sqrt{x}$,则函数

$$y=f(\varphi(x))=\mathrm{e}^{\sqrt{x}}$$

就是由已知的两个函数复合而成的复合函数.

需要指出的是,不是任何两个函数都能构成复合函数. 按定义 3 中所给的两个函数,只有当内层函数 $u=\varphi(x)$的值域 Y_2 与外层函数 $y=f(u)$的定义域 D_1 的交集非空时,即

$Y_2 \cap D_1 \neq \varnothing$时，这两个函数才能复合成复合函数 $y=f(\varphi(x))$.

例如，函数

$$y = \ln u, \quad u \in (0, +\infty), \; y \in (-\infty, +\infty),$$
$$u = -x^2, \quad x \in (-\infty, +\infty), \; u \in (-\infty, 0],$$

虽然能写成 $y=\ln(-x^2)$，但它却无意义. 因为 $y=\ln u$ 的定义域是$(0,+\infty)$，而 $u=-x^2 \in (-\infty,0]$，所以

$$(-\infty, 0] \cap (0, +\infty) = \varnothing.$$

二、有界函数

在微积分学中，经常要用到函数的单调性、奇偶性、周期性和有界性. 其中前三个性质我们已很熟悉，这里只讲述函数的有界性.

在区间$(-\infty,+\infty)$上，正弦函数 $y=\sin x$ 的图形(图 1-3)介于两条平行 x 轴的直线 $y=-1$ 和 $y=1$ 之间，即有

$$|\sin x| \leqslant 1,$$

这时称 $y=\sin x$ 在区间$(-\infty,+\infty)$内是**有界函数**. 在区间$(-\infty,+\infty)$内，函数 $y=x^3$ 的图形(图 1-2)向上、向下都可以无限延伸，不可能找到两条平行于 x 轴的直线，使这个图形介于这两条直线之间，这时称 $y=x^3$ 在区间$(-\infty,+\infty)$内是**无界函数**.

一般情况，如下**定义有界函数**.

设函数 $f(x)$在区间 I① 上有定义，若存在正数 M，使得对任意的 $x \in I$，有

$$|f(x)| \leqslant M \quad \text{(可以没有等号)},$$

则称 $f(x)$在区间 I 上是**有界函数**；否则称 $f(x)$是**无界函数**.

有界函数的图形必**介于两条平行于** x **轴的直线** $y=-M(M>0)$**和** $y=M$ **之间**.

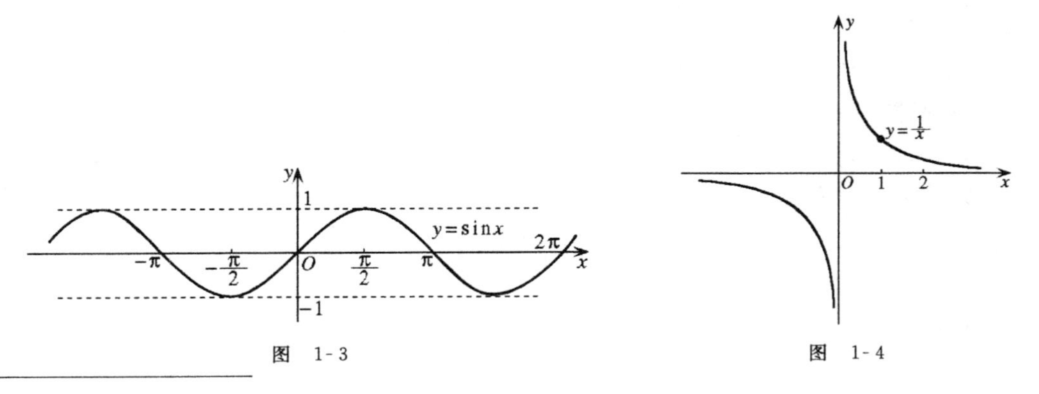

图 1-3　　图 1-4

① 若我们所讨论的问题在任何一种区间(有限区间：(a,b)，$[a,b]$，$(a,b]$，$[a,b)$或无限区间：$(a,+\infty)$，$[a,+\infty)$，$(-\infty,b)$，$(-\infty,b]$，$(-\infty,+\infty)$)都成立时，将用**字母** I 表示这样一个泛指的区间.

由函数有界性定义知，对一个函数，必须就自变量的某个取值范围内讨论其有界性. 例如，函数 $y=\frac{1}{x}$ 在有定义的区间 $[2,+\infty)$ 内有界：

$$\left|\frac{1}{x}\right|\leqslant\frac{1}{2};$$

而在有定义的区间 $(0,1)$ 内就无界(图 1-4).

习 题 1.1

A 组

1. 求函数值：

(1) 已知 $f(x)=x^2-2x+1$，求 $f(0),f(-2),f(-x),f\left(\frac{1}{x}\right),f(x+1)$；

(2) 已知 $f(x)=\frac{2^x-1}{2^x+1}$，求 $f(0),f(1),f(-1),f\left(\frac{1}{x}\right),f(x-1)$.

2. 已知 $f(x)$ 的解析式，求 $f(x_0+h)-f(x_0)$：

(1) $f(x)=ax+b$； (2) $f(x)=x^2$.

3. 设函数

$$f(x)=\begin{cases}x^2+1, & 0\leqslant x<1,\\ 2-x, & 1\leqslant x<2,\\ x, & x\geqslant 2,\end{cases}$$

求(1) $f(x)$ 的定义域； (2) $f(0),f\left(\frac{1}{2}\right),f(1),f(3)$.

4. 将 y 表成 x 的函数：

(1) $y=\sqrt{1+u^2},u=\sin v,v=\log_a x$； (2) $y=\ln u,u=\tan v,v=x+\mathrm{e}^x$.

5. 设 $f(x)=x^2,\varphi(x)=2^x$，求 $f(f(x)),f(\varphi(x)),\varphi(f(x))$.

6. 直观判断下列函数在给定的区间内是有界函数还是无界函数：

(1) $y=2^x,\ x\in(-\infty,0)$；

(2) $y=\log_a x,\ x\in(0,+\infty)$.

B 组

1. 函数

$$f(x)=\operatorname{sgn}x=\begin{cases}1, & x>0,\\ 0, & x=0,\\ -1, & x<0\end{cases}$$

称为**符号函数**. 求其定义域 D,值域 Y,并画出其图形.

2. 将函数 $y=\dfrac{|x|}{x}$ 用分段函数形式表示,并确定其定义域.

§1.2 初 等 函 数

【学习本节要达到的目标】

1. 理解初等函数的意义.
2. 熟练掌握将初等函数按基本初等函数复合与四则运算形式分解.

一、基本初等函数

基本初等函数通常是指以下六类函数:常量函数,幂函数,指数函数,对数函数,三角函数和反三角函数.

1. 常量函数

$$y=C\ (\text{常数}),\quad x\in(-\infty,+\infty).$$

其图形见图 1-5.

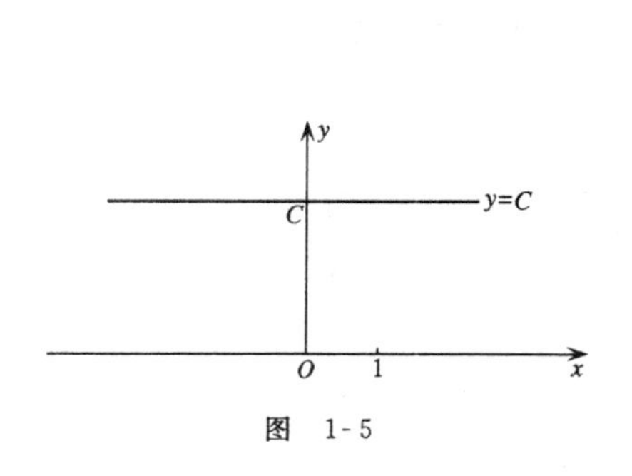

图 1-5

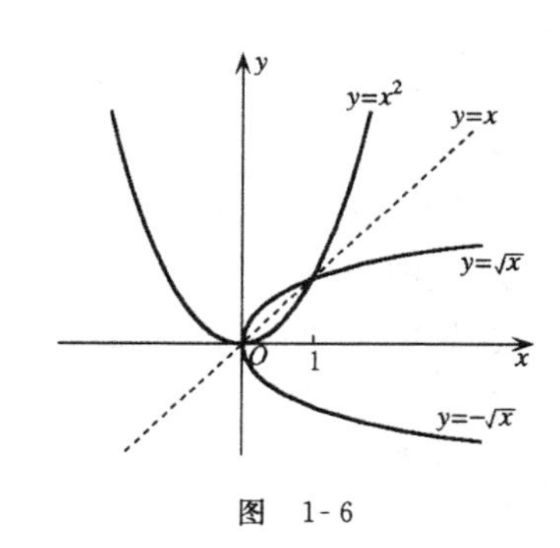

图 1-6

2. 幂函数

$$y=x^{\alpha}\quad(\alpha\ \text{为实数}).$$

该函数的定义域随 α 而异,但不论 α 取何值,它在区间 $(0,+\infty)$ 内总有定义,且其图形均过点 $(1,1)$. 例如

当 $\alpha=2$ 时,$y=x^2$, $x\in(-\infty,+\infty)$,见图 1-6.

当 $\alpha=-1$ 时,$y=x^{-1}=\dfrac{1}{x}$, $x\in(-\infty,0)\cup(0,+\infty)$,见图 1-4.

当 $\alpha=\dfrac{1}{2}$ 时,$y=x^{\frac{1}{2}}=\sqrt{x}$, $x\in[0,+\infty)$,见图 1-6.

3. 指数函数

$$y=a^x(a>0,a\neq 1),\quad x\in(-\infty,+\infty),\ y\in(0,+\infty).$$

因 $a^0=1$，且总有 $y>0$，所以，指数函数的图形过 y 轴上的点 $(0,1)$ 且位于 x 轴的上方（图 1-7）.

本课程，常用以 e 为底的指数函数 $y=\mathrm{e}^x$. e 是一个无理数，$\mathrm{e}=2.718281828459\cdots$.

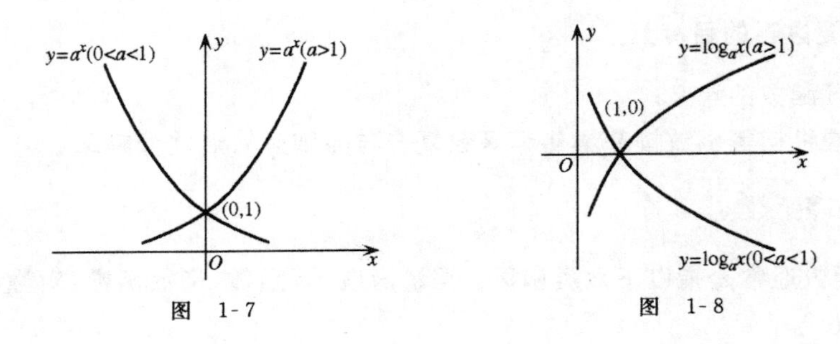

图 1-7 图 1-8

4. 对数函数

$$y=\log_a x\ (a>0,a\neq 1),\quad x\in(0,+\infty),\ y\in(-\infty,+\infty).$$

对数函数与指数函数互为反函数. 因总有 $x>0$ 且 $\log_a 1=0$，所以，$\log_a x$ 的图形过 x 轴上的点 $(1,0)$ 且位于 y 轴的右侧（图 1-8）.

本课程，常用以 e 为底的对数函数 $y=\ln x$，称之为自然对数.

5. 三角函数

三角函数是如下六种函数的统称，分别为：

正弦函数（见图 1-3） $y=\sin x,\ x\in(-\infty,+\infty),\ y\in[-1,1]$.

余弦函数（见图 1-9） $y=\cos x,\ x\in(-\infty,+\infty),\ y\in[-1,1]$.

正切函数（见图 1-10） $y=\tan x,\ x\neq n\pi+\pi/2,\ n=0,\pm1,\pm2,\cdots,\ y\in(-\infty,+\infty)$.

余切函数（见图 1-11） $y=\cot x,\ x\neq n\pi,\ n=0,\pm1,\pm2,\cdots,\ y\in(-\infty,+\infty)$.

正割函数 $y=\sec x=\dfrac{1}{\cos x}$.

余割函数 $y=\csc x=\dfrac{1}{\sin x}$.

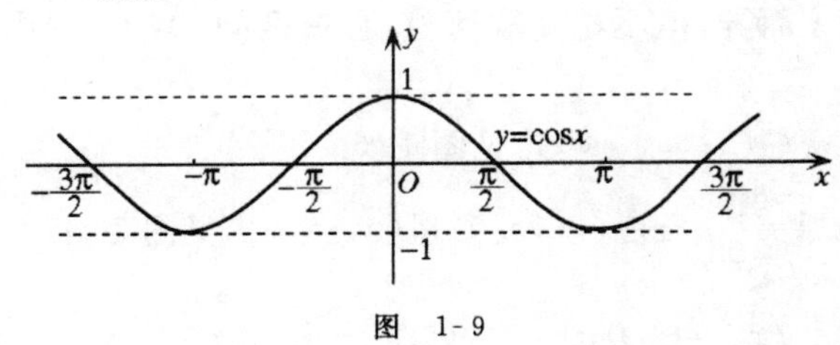

图 1-9

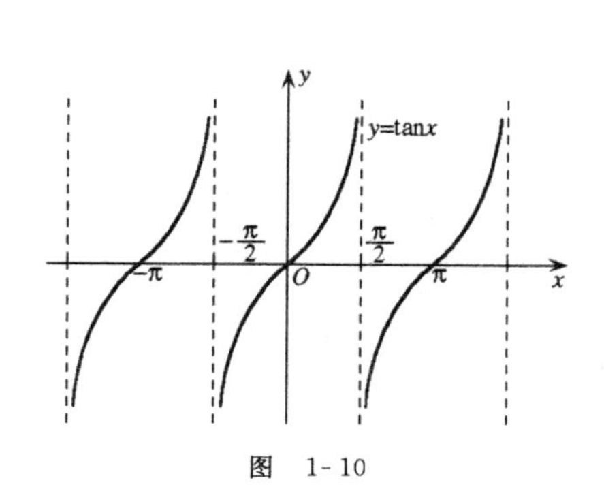

图 1-10

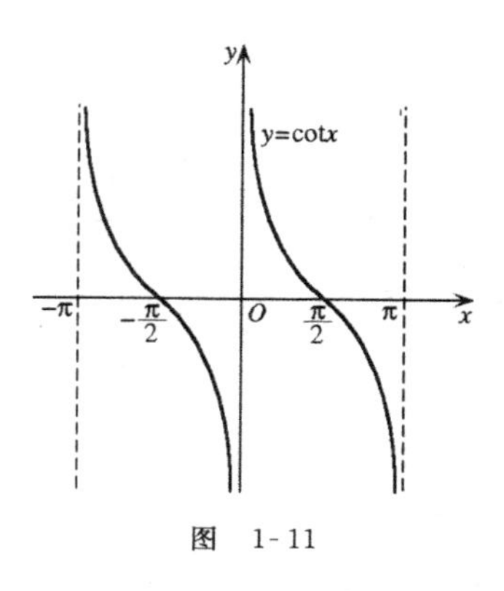

图 1-11

6. 反三角函数

反三角函数是三角函数的反函数. 只给出如下四种：

反正弦函数　$y=\arcsin x$，$x\in[-1,1]$，$y\in[-\pi/2,\pi/2]$.

反余弦函数　$y=\arccos x$，$x\in[-1,1]$，$y\in[0,\pi]$.

反正切函数　$y=\arctan x$，$x\in(-\infty,+\infty)$，$y\in(-\pi/2,\pi/2)$.

反余切函数　$y=\operatorname{arccot} x$，$x\in(-\infty,+\infty)$，$y\in(0,\pi)$.

正弦函数 $y=\sin x$ 在其定义域$(-\infty,+\infty)$内不具备单调性，不存在反函数. 若限制自变量 x 在区间$[-\pi/2,\pi/2]$上取值，则它是单调增加的，因而它存在反函数. 由此得到的正弦函数的反函数，称为反正弦函数的**主值**(图 1-12)，记为

$$y=\arcsin x,\quad x\in[-1,1],$$

其值域是区间$[-\pi/2,\pi/2]$.

类似地，函数 $y=\cos x$，$y=\tan x$，$y=\cot x$ 分别在其单调区间$[0,\pi]$，$(-\pi/2,\pi/2)$，$(0,\pi)$内得到相应的反余弦函数 $y=\arccos x$(图 1-13)、反正切函数 $y=\arctan x$(图 1-14)、反余切函数 $y=\operatorname{arccot} x$(图 1-15).

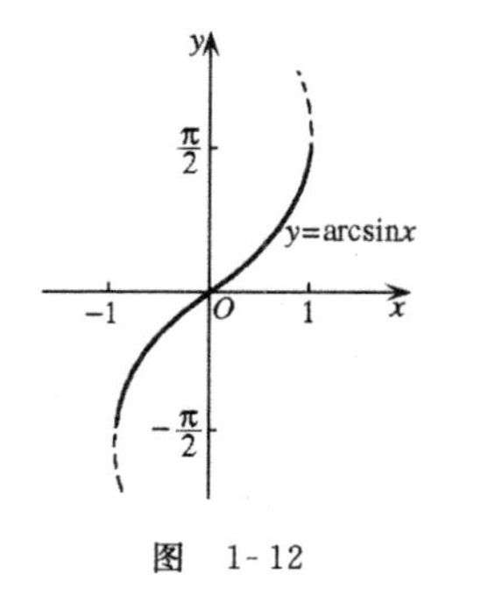

图 1-12

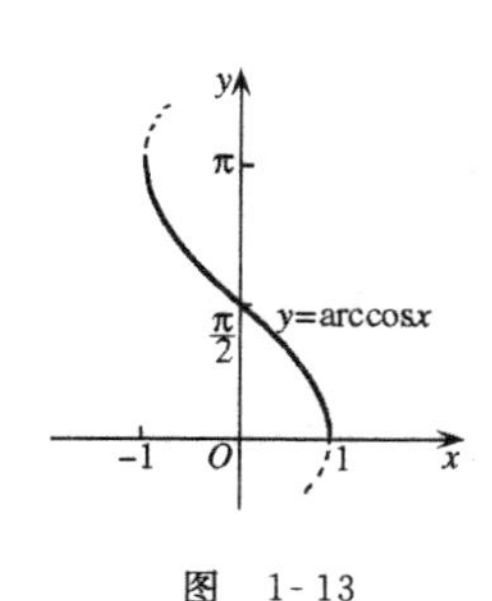

图 1-13

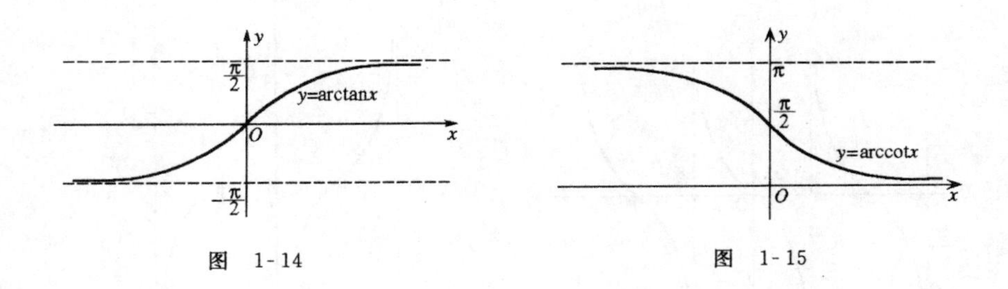

图 1-14　　　　图 1-15

二、初等函数

由基本初等函数经过有限次四则运算和复合所构成的函数,统称为**初等函数**.

例如,以下都是初等函数:

$$f(x)=\sqrt[3]{\cos^2 x-1},\quad f(x)=\sin x\cdot 2^{\tan x}+\ln(x^2+e^{\frac{1}{x}}).$$

初等函数的构成既有函数的四则运算,又有函数的复合;我们**必须掌握**把初等函数按基本初等函数的四则运算和复合形式分解.这在以后章节中要用到.

例 1 将下列函数按基本初等函数的复合形式分解.:

(1) $y=\cos e^{x^2}$;　　(2) $y=\ln\tan\dfrac{1}{x^2}$.

解 (1) 由内层函数向外层函数分解:就是按由自变量 x 确定因变量 y 的运算顺序进行.

对给定的 x,先计算幂函数 x^2,令 $v=x^2$;

再由 v 计算指数函数 e^v,令 $u=e^v$;

最后由 u 计算余弦函数 $\cos u$,得 $y=\cos u$.

于是,函数 $y=\cos e^{x^2}$ 是由下列基本初等函数复合而成:

$$y=\cos u,\quad u=e^v,\quad v=x^2.$$

(2) 由外层函数向内层函数分解:要由最外层函数起,层层向内进行,直至自变量 x 为止.

最外层是对数函数,若视 $y=\ln u$,则 $u=\tan\dfrac{1}{x^2}$;

其次一层是正切函数,若视 $u=\tan v$,则 $v=\dfrac{1}{x^2}=x^{-2}$;

因 $v=x^{-2}$ 已经是自变量 x 的幂函数,所以函数 $y=\ln\tan\dfrac{1}{x^2}$ 是由下列基本初等函数复合而成:

$$y=\ln u,\quad u=\tan v,\quad v=\frac{1}{x^2}.$$

例 2 将下列函数按基本初等函数复合与四则运算形式分解：

（1）$y=\sqrt[3]{\dfrac{3x+1}{2x^2+5}}$；　　（2）$y=\ln(x+\sqrt{1+x^2})$.

解 由外层函数向内层函数分解.

（1）令 $y=\sqrt[3]{u}$，则 $u=\dfrac{3x+1}{2x^2+1}$，这已是基本初等函数的四则运算形式，所以，所给函数可分解为

$$y=\sqrt[3]{u},\quad u=\frac{3x+1}{2x^2+1}.$$

（2）令 $y=\ln u$，则 $u=x+\sqrt{1+x^2}$；令 $v=1+x^2$，则所给函数可分解为

$$y=\ln u,\quad u=x+\sqrt{v},\quad v=1+x^2.$$

习　题　1.2

A　组

1. 下列函数由哪些基本初等函数复合而成：

（1）$y=\ln^2 x$；　（2）$y=\cos\dfrac{1}{x}$；　（3）$y=\sqrt{\ln x}$；　（4）$y=\mathrm{e}^{\mathrm{e}^{x^2}}$；

（5）$y=\ln\ln\cos x$；　（6）$y=\mathrm{e}^{\cos^2 x}$；　（7）$y=(\arctan x^2)^3$；　（8）$y=\sin^2(\ln x)$.

2. 将下列函数按基本初等函数复合与四则运算形式分解：

（1）$y=\sqrt{1+x^2}$；　（2）$y=(1+2x-3x^3)^2$；　（3）$y=2^{2x^2+\cos x}$；

（4）$y=\ln\dfrac{1-\sqrt{x}}{1+\sqrt{x}}$；　（5）$y=\mathrm{e}^{\sqrt{x^2+1}}$；　（6）$y=\arctan^2\dfrac{2x}{1-x^2}$.

B　组

1. 下列函数中，哪些是初等函数：

（1）$y=\dfrac{1}{x}2^{\tan x}-\log_2(1+3x^2)$；　（2）$y=x+x^2+\cdots+x^n$；

（3）$y=1+2x+3x^2+\cdots+nx^{n-1}+\cdots$；　（4）$y=\sqrt{-2-\cos x}$.

2.（1）形如 $y=f(x)^{g(x)}$ 的函数称为幂指函数，设 $f(x)(>0)$，$g(x)$ 都是初等函数，试将其写成指数函数的形式；

（2）将 $y=(\sin x)^{\cos x}(\sin x>0)$ 写成指数函数的形式.

§1.3 数列的极限

【学习本节要达到的目标】

了解数列极限的定义.

按正整数顺序 1,2,3,…排列的无穷多个数,称为**数列**.数列通常记为

$$y_1,\ y_2,\ y_3,\ \cdots,\ y_n,\ \cdots,$$

或简记为$\{y_n\}$.数列的每个数称为数列的**项**,依次称为第 1 项,第 2 项,….第 n 项 y_n 称为**通项或一般项**.

若从函数定义看,正整数集合 $\mathbf{N}_+$ 理解成函数的定义域,数列中的"数"理解成对应的函数值,则数列中的"数"就是它所在"序号"的函数.由此,数列可记为函数形式

$$y_n = f(n),\quad n \in \mathbf{N}_+.$$

例如,下面给出的均为数列:

(1) $\left\{\dfrac{n}{n+1}\right\}$: $\dfrac{1}{2},\dfrac{2}{3},\dfrac{3}{4},\dfrac{4}{5},\cdots,\dfrac{n}{n+1},\cdots$;

(2) $\left\{\dfrac{1+(-1)^n}{n}\right\}$: $0,1,0,\dfrac{1}{2},\cdots,\dfrac{1+(-1)^n}{n},\cdots$;

(3) $\{(-1)^{n-1}n\}$: $1,-2,3,-4,\cdots,(-1)^{n-1}n,\cdots$;

(4) $\{(-1)^n\}$: $-1,1,-1,1,\cdots,(-1)^n,\cdots$.

讨论数列的极限,就是讨论数列$\{y_n\}$的通项 y_n,当 n 无限增大时的变化趋势.特别是,是否有趋向于某个确定常数的变化趋势.若 y_n 趋向于一个确定的常数 A,这时,就称数列$\{y_n\}$以 A 为极限.

一般,我们有如下**数列极限的定义**.

定义 给定数列$\{y_n\}$:

$$y_1,\ y_2,\ y_3,\ \cdots,\ y_n,\ \cdots.$$

若当 n 无限增大时,y_n 趋于定数 A,则称**数列$\{y_n\}$以 A 为极限**,记为

$$\lim_{n\to\infty} y_n = A \quad 或 \quad y_n \to A \quad (n\to\infty).$$

前式读做"当 n 趋于无穷大时,y_n 的极限等于 A";后式读做"当 n 趋于无穷大时,y_n 趋于 A".

有极限的数列称为**收敛数列**;数列$\{y_n\}$以 A 为极限,也称为数列$\{y_n\}$收敛于 A.没有极限的数列称为**发散数列**,也称数列的**极限不存在**.

按照该定义,观察上述例子中各数列,可以看出,随着 n 无限增大:

数列$\left\{\dfrac{n}{n+1}\right\}$的通项 $y_n=\dfrac{n}{n+1}$趋于定数 1,即该数列以常数 1 为极限,并可记为

$$\lim_{n\to\infty}\frac{n}{n+1}=1.$$

数列$\left\{\frac{1+(-1)^n}{n}\right\}$的通项$y_n=\frac{1+(-1)^n}{n}$,由于它的奇数项始终取常数0,而偶数项趋于常数0,可以认为该数列有极限,且以常数0为极限,并记为

$$\lim_{n\to\infty}\frac{1+(-1)^n}{n}=0.$$

数列$\{(-1)^{n-1}n\}$的通项$y_n=(-1)^{n-1}n$,其绝对值

$$|(-1)^{n-1}n|=n$$

无限增大,从而不能趋向于任何一个常数,该数列没有极限.

数列$\{(-1)^n\}$的通项$y_n=(-1)^n$,它在数值-1和$+1$上跳来跳去,也不能趋向于某一常数.这样的数列也没有极限.

习 题 1.3

A 组

1. 已知下列数列的通项,试写出该数列,并观察判定它是否收敛,若收敛,写出其极限:

(1) $y_n=\frac{n}{4n+1}$; (2) $y_n=\frac{1}{2^n}$; (3) $y_n=(-1)^n\frac{1}{n}$; (4) $y_n=(-1)^n n^2$.

2. 试写出下列数列的通项,并观察判定是否收敛,若收敛,写出其极限:

(1) $1,\frac{1}{3},\frac{1}{9},\frac{1}{27},\frac{1}{81},\cdots$; (2) $0,\frac{1}{3},\frac{2}{4},\frac{3}{5},\frac{4}{6},\cdots$.

B 组

1. 设$\{x_n\}$,$\{y_n\}$是两个数列,且$\lim\limits_{n\to\infty}x_n=A$,$\lim\limits_{n\to\infty}y_n=B$,考虑数列

$$x_1,y_1,x_2,y_2,\cdots,x_n,y_n,\cdots.$$

(1) 若$A=B$,问该数列是否收敛; (2) 若$A\neq B$,问该数列是否收敛.

2. 设$\lim\limits_{n\to\infty}y_n=A$,若把数列$\{y_n\}$的有限项换成新的数,问新得到的数列是否收敛?若收敛,极限是什么?

§1.4 函数的极限

【学习本节要达到的目标】

1. 了解当$x\to\infty$时,函数极限的定义.
2. 了解当$x\to x_0$时,函数极限的定义.

3. 了解无穷小与无穷大的意义.

4. 会求曲线水平渐近线和垂直渐近线.

一、极限概念

1. 当 $x\to\infty$ 时,函数 $f(x)$ 的极限

(1) 极限定义

x 在这里作为函数 $f(x)$ 的自变量. 若 x 取正值且无限增大,记为 $x\to+\infty$,读做"x 趋于正无穷大";若 x 取负值且其绝对值 $|x|$ 无限增大,记为 $x\to-\infty$,读做"x 趋于负无穷大". 若 x 既取正值又取负值,且其绝对值无限增大,记为 $x\to\infty$,读做"x 趋于无穷大".

这里,"当 $x\to\infty$ 时,函数 $f(x)$ 的极限",就是讨论当自变量 x 的绝对值 $|x|$ 无限增大时,即 $x\to\infty$ 时,函数 $f(x)$ 的变化趋势. 若 $f(x)$ 无限接近常数 A,就称当 x 趋于无穷大时,函数 $f(x)$ 以 A 为极限.

例 1 设函数 $f(x)=1+\dfrac{1}{x}$,讨论当 $x\to\infty$ 时,$f(x)$ 的变化趋势.

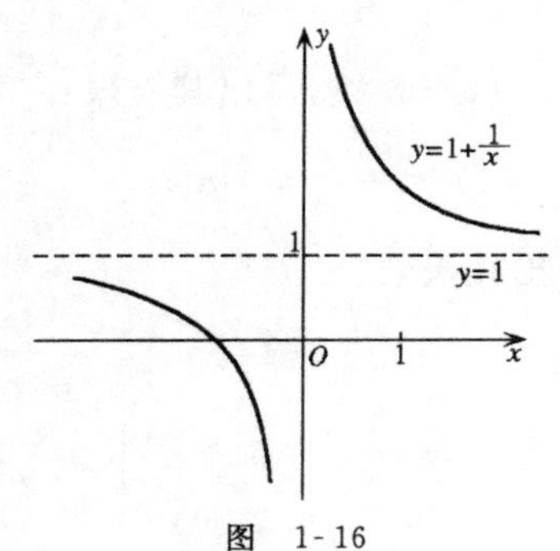

图 1-16

由该函数的表达式,容易看出,当 $x\to\infty$ 时,$\dfrac{1}{x}$ 无限接近常数 0,从而 $f(x)=1+\dfrac{1}{x}$ 将无限接近常数 1. 这时,称函数 $f(x)$ 当 x 趋于无穷大时以 1 为极限,并记为

$$\lim_{x\to\infty}\left(1+\frac{1}{x}\right)=1.$$

观察图 1-16,曲线 $y=1+\dfrac{1}{x}$ 有两个分支,它的右侧分支沿着 x 轴的正方向无限延伸时,它的左侧分支沿着 x 轴的负方向无限延伸时,都与直线 $y=1$ 越来越接近,此时,称**曲线** $y=1+\dfrac{1}{x}$ **以直线** $y=1$ **为水平渐近线**.

把上面讨论的问题一般化,有如下**定义**.

定义 1 设函数 $f(x)$ 在 $|x|>a\ (a>0)$ 时有定义,若当 $x\to\infty$ 时,函数 $f(x)$ 趋于定数 A,则称**函数** $f(x)$ **当** x **趋于无穷大时以** A **为极限**,记为

$$\lim_{x\to\infty}f(x)=A \quad 或 \quad f(x)\to A\ (x\to\infty).$$

该定义的**几何意义**:曲线 $y=f(x)$ 沿着 x 轴的正向和负向无限延伸时,都以直线 $y=A$ 为**水平渐近线**(图 1-17).

(2) 单侧极限

有时,我们仅讨论 $x\to-\infty$ 时或 $x\to+\infty$ 时,函数 $f(x)$ 的变化趋势.

若 $x\to-\infty$ 时,函数 $f(x)$ 趋于定数 A,则称**函数** $f(x)$ **当** x **趋于负无穷大时以** A **为极**

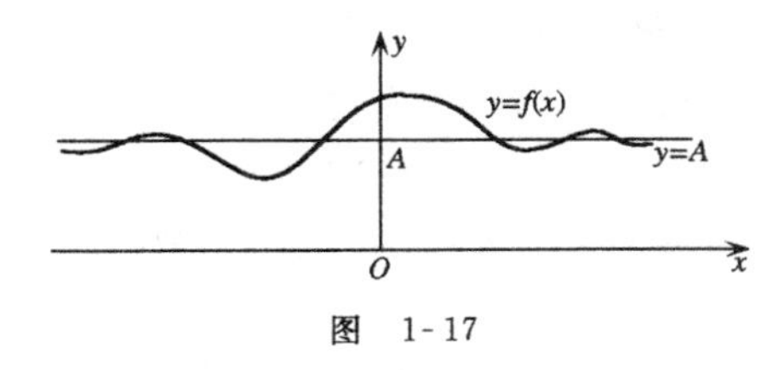

图 1-17

限,记为

$$\lim_{x \to -\infty} f(x) = A \quad 或 \quad f(x) \to A \ (x \to -\infty).$$

若 $x \to +\infty$ 时,函数 $f(x)$ 趋于定数 A,则称**函数 $f(x)$ 当 x 趋于正无穷大时以 A 为极限**,记为

$$\lim_{x \to +\infty} f(x) = A \quad 或 \quad f(x) \to A \ (x \to +\infty).$$

由上述定义,可知有下述**结论**:

极限 $\lim\limits_{x \to \infty} f(x)$ 存在且等于 A 的**充分必要条件**是极限 $\lim\limits_{x \to -\infty} f(x)$ 与 $\lim\limits_{x \to +\infty} f(x)$ 都存在且等于 A. 即

$$\lim_{x \to \infty} f(x) = A \Longleftrightarrow \lim_{x \to -\infty} f(x) = A = \lim_{x \to +\infty} f(x).$$

例 2 由反正切函数的性质知(见图 1-14)

$$\lim_{x \to -\infty} \arctan x = -\frac{\pi}{2}, \quad \lim_{x \to +\infty} \arctan x = \frac{\pi}{2}.$$

由极限存在的充分必要条件知,极限 $\lim\limits_{x \to \infty} \arctan x$ 不存在.

该例的几何意义是:曲线 $y = \arctan x$ 沿着 x 轴的负方向无限延伸时,以**直线** $y = -\frac{\pi}{2}$ **为水平渐近线**;曲线沿着 x 轴的正方向无限延伸时,以**直线** $y = \frac{\pi}{2}$ **为水平渐近线**.

由当 $x \to \infty$ 时,$x \to -\infty$ 时和 $x \to +\infty$ 时,函数 $f(x)$ 以 A 为极限的几何意义,有如下**求曲线 $y = f(x)$ 水平渐近线的一般方法**:

对曲线 $y = f(x)$,若

$$\lim_{x \to \infty} f(x) = b, \quad 或 \quad \lim_{x \to -\infty} f(x) = b \quad 或 \quad \lim_{x \to +\infty} f(x) = b,$$

则直线 $y = b$ 是曲线 $y = f(x)$ 的**水平渐近线**.

2. 当 $x \to x_0$ 时,函数 $f(x)$ 的极限

(1) 极限定义

这里,x_0 是一个定值. 若 $x < x_0$ 且 x 趋于 x_0,记为 $x \to x_0^-$;若 $x > x_0$ 且 x 趋于 x_0,记为 $x \to x_0^+$. 若 $x \to x_0^-$ 和 $x \to x_0^+$ 同时发生,则记为 $x \to x_0$.

以点 x_0 为中心,以 $\delta(\delta > 0)$ 为半径的开区间 $(x_0 - \delta, x_0 + \delta)$ 称为**点 x_0 的 δ 邻域**. 若把邻域 $(x_0 - \delta, x_0 + \delta)$ 中的中心点 x_0 去掉,称区间 $(x_0 - \delta, x_0) \cup (x_0, x_0 + \delta)$ 为**点 x_0 的空心邻域**.

"当 $x \to x_0$ 时,函数 $f(x)$ 的极限",就是在点 x_0 的某邻域内讨论当自变量 x 无限接近 x_0

(但 x 不取 x_0)时，函数 $f(x)$ 的变化趋势. 根据我们已有的函数极限的概念，容易理解，若当 x 趋于 x_0 时，函数 $f(x)$ 的对应值趋于常数 A，则称当 $x \to x_0$ 时，函数 $f(x)$ 以 A 为极限.

下面举例说明当 $x \to x_0$ 时，函数 $f(x)$ 以 A 为极限.

例 3 试讨论当 $x \to 1$ 时，函数 $f(x)=x+1$ 的变化趋势.

首先要明确，虽然函数 $f(x)$ 在 $x=1$ 处有定义，但这不是求 $x=1$ 时函数 $f(x)$ 的函数值，即不是求 $f(1)$；其次，$x \to 1$，是 x 无限接近 1，但 x 始终不取 1.

由函数的表达式 $f(x)=x+1$ 容易理解，当 $x \to 1$ 时，函数 $f(x)=x+1$ 对应的函数值将无限接近常数 2.

由图 1-18 可以看出，对曲线 $y=x+1$ 上的动点 $M(x, f(x))$，当其横坐标无限接近 1 时，即 $x \to 1$ 时，点 M 将向定点 $M_0(1,2)$ 无限接近，即有 $f(x) \to 2$. 这时，就称当 $x \to 1$ 时，函数 $f(x)=x+1$ 以 2 为极限，并记为

$$\lim_{x \to 1}(x+1) = 2.$$

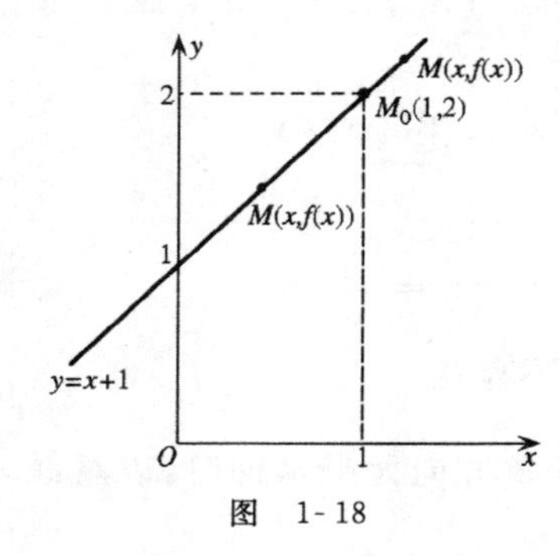

图 1-18

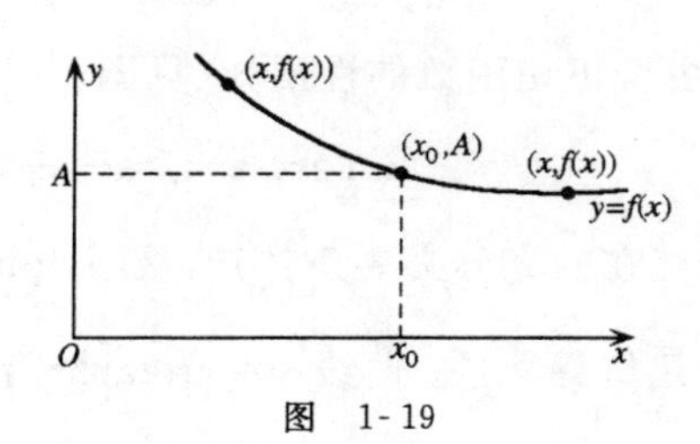

图 1-19

一般情况，当 $x \to x_0$ 时，$f(x)$ 的极限**定义如下**.

定义 2 设函数 $f(x)$ 在点 x_0 的某邻域内有定义(在 x_0 可以没有定义)，若当 $x \to x_0$(但始终不等于 x_0)时，函数 $f(x)$ 趋于定数 A，则称**函数 $f(x)$ 当 x 趋于 x_0 时以 A 为极限**，记为

$$\lim_{x \to x_0} f(x) = A \quad 或 \quad f(x) \to A \ (x \to x_0).$$

该定义的**几何意义**：极限 $\lim\limits_{x \to x_0} f(x)=A$，表明曲线 $y=f(x)$ 上的动点 $(x, f(x))$ 在其横坐标无限接近 x_0 时，它趋向于定点 (x_0, A)(图 1-19).

必须强调指出，在定义极限 $\lim\limits_{x \to x_0} f(x)$ 时，函数 $f(x)$ 在点 x_0 可以有定义，也可以没有定义；极限 $\lim\limits_{x \to x_0} f(x)$ 是否存在，与函数 $f(x)$ 在点 x_0 有没有定义及有定义时函数值是什么都毫无关系.

由极限定义及图 1-20、图 1-21 可以推得下述**两个结论**：

$$\lim_{x \to x_0} x = x_0, \quad \lim_{x \to x_0} C = C \ (C 是任意常数).$$

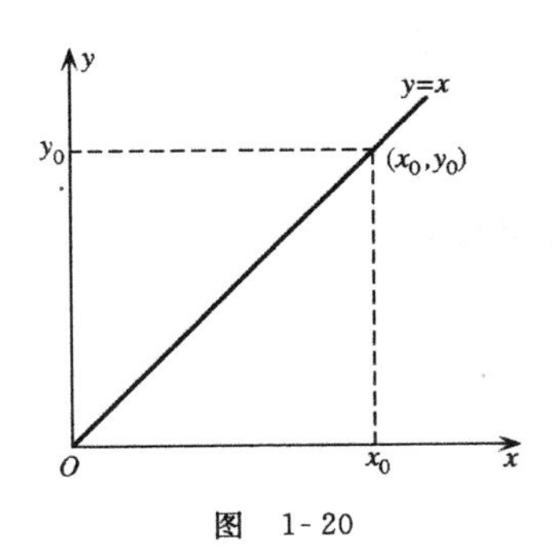

图 1-20

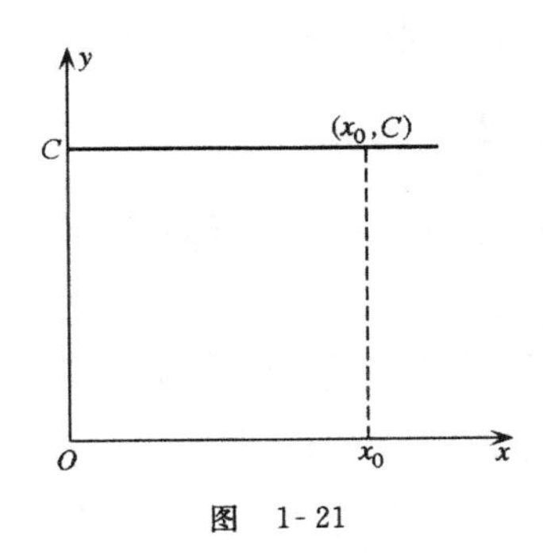

图 1-21

(2) 左极限与右极限

在 x_0 处的左极限与右极限，就是仅讨论当 $x\to x_0^-$ 时，或 $x\to x_0^+$ 时，函数 $f(x)$ 的极限.

若当 $x\to x_0^-$ 时，函数 $f(x)$ 趋于定数 A，则称函数 $f(x)$ 以 A 为**左极限**，记为

$$\lim_{x\to x_0^-} f(x)=A \quad 或 \quad f(x)\to A\ (x\to x_0^-).$$

若当 $x\to x_0^+$ 时，函数 $f(x)$ 趋于定数 A，则称函数 $f(x)$ 以 A 为**右极限**，记为

$$\lim_{x\to x_0^+} f(x)=A \quad 或 \quad f(x)\to A\ (x\to x_0^+).$$

由上述定义知，函数 $f(x)$ 在点 x_0 的左、右极限与点 x_0 的极限之间有如下**结论**：

极限 $\lim\limits_{x\to x_0} f(x)$ 存在且等于 A 的**充分必要条件**是极限 $\lim\limits_{x\to x_0^-} f(x)$ 与 $\lim\limits_{x\to x_0^+} f(x)$ 都存在且等于 A，即

$$\lim_{x\to x_0} f(x)=A \Longleftrightarrow \lim_{x\to x_0^-} f(x)=A=\lim_{x\to x_0^+} f(x).$$

例 4 设函数 $f(x)=\dfrac{|x|}{x}$，试讨论极限 $\lim\limits_{x\to 0^-} f(x)$，$\lim\limits_{x\to 0^+} f(x)$ 和 $\lim\limits_{x\to 0} f(x)$ 是否存在？

因为

$$\lim_{x\to 0^-} f(x)=\lim_{x\to 0^-}\frac{-x}{x}=-1,\quad \lim_{x\to 0^+} f(x)=\lim_{x\to 0^+}\frac{x}{x}=1,$$

所以，在 $x=0$ 处，函数 $f(x)$ 的左、右极限都存在；由于在 $x=0$ 处的左、右极限不相等，故 $\lim\limits_{x\to 0} f(x)$ 不存在.

说明 以上我们引入了下述七种类型的极限，即

(1) $\lim\limits_{n\to\infty} y_n$； (2) $\lim\limits_{x\to\infty} f(x)$； (3) $\lim\limits_{x\to-\infty} f(x)$； (4) $\lim\limits_{x\to+\infty} f(x)$；

(5) $\lim\limits_{x\to x_0} f(x)$； (6) $\lim\limits_{x\to x_0^-} f(x)$； (7) $\lim\limits_{x\to x_0^+} f(x)$.

为了统一地论述它们共有的性质和运算法则，本书若不特别指出是其中的哪一种极限时，将用 $\lim f(x)$ 或 $\lim y$ 泛指其中的任何一种，其中的 $f(x)$ 或 y 常称为**变量**. 若需要论证某

命题时,只就一种情形 $x \to x_0$ 来证明.

二、无穷小与无穷大

无穷小与无穷大这两个量都是由极限过程来确定的量.

1. 无穷小

极限为零的变量 y 称为**无穷小**. 即若

$$\lim y = 0,$$

则称**变量 y 是无穷小**.

例如,因为 $\lim\limits_{n\to\infty}\frac{1}{3^n}=0$,所以,当 $n\to\infty$ 时,变量 $\frac{1}{3^n}$ 是无穷小. 因为 $\lim\limits_{x\to2}(x-2)=0$,所以,当 $x\to2$ 时,变量 $(x-2)$ 是无穷小.

无穷小是一个变量,在某一变化过程中,它的绝对值无限地变小,而无限变小的量不是无穷小.

在常量中,**唯有数 0 是无穷小**,这是因为 $\lim 0=0$,这吻合无穷小的定义.

函数的极限与无穷小之间有**下述关系**:

定理 极限 $\lim f(x)$ 存在且等于 A 的**充分必要条件**是函数 $f(x)$ 可表示为常数 A 与无穷小的和,即

$$\lim f(x) = A \Longleftrightarrow f(x) = A + \alpha \ (\alpha \to 0).$$

另外,由无穷小的定义,容易理解无穷小的**下述性质**:

无穷小与有界变量的乘积是无穷小.

例 5 当 $x\to0$ 时,$x\sin\frac{1}{x}$ 是无穷小,即 $\lim\limits_{x\to0}x\sin\frac{1}{x}=0$.

这是因为当 $x\to0$ 时,x 是无穷小,$\sin\frac{1}{x}$ 是有界变量: $\left|\sin\frac{1}{x}\right|\leqslant1$.

2. 无穷大

绝对值无限增大的变量 y 称为**无穷大**,记为

$$\lim y = \infty.$$

例如,当 $x\to0$ 时,$y=\frac{1}{x}$ 的绝对值 $\left|\frac{1}{x}\right|$ 将无限增大(见图 1-4),即当 $x\to0$ 时,$\frac{1}{x}$ 是无穷大. 可记为

$$\lim_{x\to0}\frac{1}{x} = \infty. \tag{1}$$

从几何上看,(1)式的意义是: 曲线 $y=\frac{1}{x}$ 的两个分支,在直线 $x=0$ 的两侧,其右侧分支在向上无限延伸时,其左侧分支在向下无限延伸时,都越来越接近直线 $x=0$. 通常称曲线

$y=\frac{1}{x}$以直线 $x=0$ 为**垂直渐近线**.

在某一变化过程中,变量 y 是无穷大,它没有极限,不过它的变化趋势是确定的,即它的绝对值无限地增大. 对于这种情况,我们是借用极限的记法表示它的变化趋势,记为 $\lim y=\infty$,也称**变量 y 的极限是无穷大**.

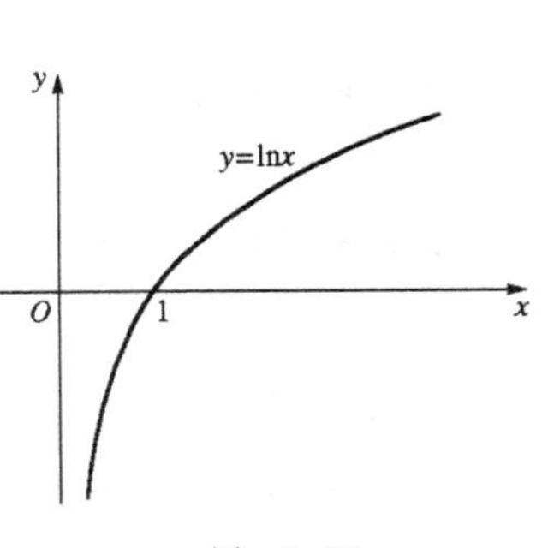

图 1-22

又如,当 $x\to+\infty$ 时,$y=\ln x$ 取正值且无限增大(图 1-22). 这时,称当 $x\to+\infty$时,$y=\ln x$ 是正无穷大,并记为

$$\lim_{x\to+\infty}\ln x=+\infty;$$

当 $x\to0^+$ 时,$y=\ln x$ 取负值,且其绝对值无限增大. 这时称当 $x\to0^+$ 时,$y=\ln x$ 是负无穷大(图 1-22),并记为

$$\lim_{x\to0^+}\ln x=-\infty. \qquad (2)$$

从几何上看,(2)式的意义是:曲线 $y=\ln x$ 在直线 $x=0$ 的右侧向下无限延伸,以直线 $x=0$ 为**垂直渐近线**.

由无穷小与无穷大的定义可得二者之间有如下**结论**:

在同一变化过程中,若 y 是无穷大,则$\frac{1}{y}$是无穷小;若 y 是无穷小且 $y\neq0$,则$\frac{1}{y}$是无穷大.

由无穷大的定义及(1)式、(2)式的几何意义,有如下**求曲线 $y=f(x)$垂直渐近线的一般方法**:

对曲线 $y=f(x)$,若

$$\lim_{x\to x_0}f(x)=\infty, \quad 或 \quad \lim_{x\to x_0^-}f(x)=\infty \quad 或 \quad \lim_{x\to x_0^+}f(x)=\infty,$$

则直线 $x=x_0$ 是曲线 $y=f(x)$的**垂直渐近线**.

习 题 1.4

A 组

1. 结合函数的图形,直观判定极限 $\lim\limits_{x\to-\infty}f(x)$, $\lim\limits_{x\to+\infty}f(x)$, $\lim\limits_{x\to\infty}f(x)$是否存在:

(1) $f(x)=\frac{1}{2^x}$; (2) $f(x)=\operatorname{arccot}x$; (3) $f(x)=\frac{1}{1+x^2}$.

2. 结合函数的图形,直观判定极限 $\lim\limits_{x\to0^-}f(x)$, $\lim\limits_{x\to0^+}f(x)$, $\lim\limits_{x\to0}f(x)$是否存在:

(1) $f(x)=|x|$; (2) $f(x)=\begin{cases}x^2+1, & x\leqslant0,\\ x^2-1, & x>0.\end{cases}$

3. 判定下列变量在给定的变化过程中,哪些是无穷小,哪些是无穷大:

(1) $x\to\infty$时，$y=\dfrac{1}{1-x}$；　　(2) $x\to-\infty$时，$y=\ln(1-x)$；

(3) $x\to+\infty$时，$y=\dfrac{1}{\arctan x-\dfrac{\pi}{2}}$，　　(4) $x\to1^-$时，$y=\ln(1-x)$；

(5) $x\to0$ 时，$(\sin x-\tan x)^2$；　　(6) $x\to1$ 时，$y=(x-1)(x^2+x)$.

4. 填空：

(1) $\lim\limits_{x\to\infty}\dfrac{\sin x}{x}=$________；　　(2) $\lim\limits_{x\to0}x^2\arctan\dfrac{1}{x}=$________.

5. 求下列曲线的水平渐近线和垂直渐近线：

(1) $y=e^{\frac{1}{x}}$；　(2) $y=1+e^{-x}$；　(3) $y=\dfrac{1}{x-2}$；　(4) $y=\ln(2+x)$.

B　组

1. 设 $f(x)=x+2$，$g(x)=\dfrac{x^2-4}{x-2}$.

(1) 函数 $f(x)$与 $g(x)$是否相同？

(2) 直观判定 $\lim\limits_{x\to2}f(x)$与 $\lim\limits_{x\to2}g(x)$是否相同？为什么？

2. 下列结论正确的是(　　).

(A) 无穷小是很小的正数　　(B) 无限变小的变量是无穷小

(C) 无穷小是零　　(D) 零是无穷小

§1.5　极限运算法则

【学习本节要达到的目标】

掌握极限的四则运算法则.

定理(极限四则运算法则)　设 $\lim f(x)=A$，$\lim g(x)=B$，则

(1) 代数和的极限 $\lim[f(x)\pm g(x)]$存在，且

$$\lim[f(x)\pm g(x)]=\lim f(x)\pm\lim g(x)=A\pm B.$$

(2) 乘积的极限 $\lim[f(x)\cdot g(x)]$存在，且

$$\lim[f(x)\cdot g(x)]=\lim f(x)\cdot\lim g(x)=AB.$$

特别有

(i) 常数因子 C 可提到极限符号的前面，即

$$\lim Cg(x)=C\lim g(x)=CB;$$

(ii) 若 n 是正整数,有

$$\lim[f(x)]^n = [\lim f(x)]^n = A^n.$$

(3) 若 $\lim g(x)=B\neq 0$,商的极限 $\lim \dfrac{f(x)}{g(x)}$存在,且

$$\lim \frac{f(x)}{g(x)} = \frac{\lim f(x)}{\lim g(x)} = \frac{A}{B}.$$

例 1 求 $\lim\limits_{x\to 1}(3x^2-2x+4)$.

解 由极限的四则运算法则及极限 $\lim\limits_{x\to x_0}x=x_0$,$\lim\limits_{x\to x_0}C=C$,有

$$\begin{aligned}\text{原式} &= \lim_{x\to 1}3x^2 - \lim_{x\to 1}2x + \lim_{x\to 1}4 \\ &= 3\lim_{x\to 1}x^2 - 2\lim_{x\to 1}x + 4 = 3(\lim_{x\to 1}x)^2 - 2\cdot 1 + 4 \\ &= 3\cdot 1^2 - 2\cdot 1 + 4 = 5.\end{aligned}$$

由该题计算结果知,对 n 次多项式

$$P_n(x) = a_0x^n + a_1x^{n-1} + \cdots + a_{n-1}x + a_n \quad (a_0\neq 0),$$

有

$$\lim_{x\to x_0}P_n(x) = a_0x_0^n + a_1x_0^{n-1} + \cdots + a_{n-1}x_0 + a_n = P_n(x_0).$$

例 2 求 $\lim\limits_{x\to 3}\dfrac{2x+1}{x^2-3x+2}$.

解 因分母的极限不为 0,即

$$\lim_{x\to 3}(x^2-3x+2) = 3^2 - 3\cdot 3 + 2 = 2 \neq 0,$$

用商的运算法则

$$\text{原式} = \frac{\lim\limits_{x\to 3}(2x+1)}{\lim\limits_{x\to 3}(x^3-3x+2)} = \frac{2\cdot 3+1}{3^2-3\cdot 3+2} = 3\frac{1}{2}.$$

例 3 求 $\lim\limits_{x\to 2}\dfrac{2x-1}{x^2-4}$.

解 易看出,分母的极限为 0,不能用商的极限法则,但分子的极限为 $3\neq 0$,可将分式的分母与分子颠倒后再用商的极限法则,即

$$\lim_{x\to 2}\frac{x^2-4}{2x-1} = \frac{0}{3} = 0.$$

由无穷小与无穷大的倒数关系,得

$$\text{原式} = \infty.$$

例 4 求 $\lim\limits_{x\to 1}\dfrac{x^2-1}{x^2+2x-3}$.

解 这是$\dfrac{0}{0}$型未定式$\Big($求分式的极限时,若分母与分子的极限都是 0,通常称其为$\dfrac{0}{0}$型

未定式$\Big)$，不能用例 3 的方法，也不能用商的运算法则. 注意到当 $x\to 1$ 时，分母、分子有以 0 为极限的公因子$(x-1)$. 先进行因式分解，约去公因子，再求极限.

$$\text{原式}=\lim_{x\to 1}\frac{(x-1)(x+1)}{(x-1)(x+3)}=\lim_{x\to 1}\frac{x+1}{x+3}=\frac{1}{2}.$$

例 2、例 3、例 4 的计算方法与结果，**可推广到一般情况**. 设$R(x)$是有理分式，

$$R(x)=\frac{P_n(x)}{Q_m(x)}=\frac{a_0x^n+a_1x^{n-1}+\cdots+a_{n-1}x+a_n}{b_0x^m+b_1x^{m-1}+\cdots+b_{m-1}x+b_m}.$$

(1) 若 $Q_m(x_0)\neq 0$，则

$$\lim_{x\to x_0}R(x)=\frac{P_n(x_0)}{Q_m(x_0)}=R(x_0);$$

(2) 若 $Q_m(x_0)=0$，而 $P_n(x_0)\neq 0$，则

$$\lim_{x\to x_0}R(x)=\infty;$$

(3) 若 $Q_m(x_0)=0$ 且 $P_n(x_0)=0$，则 $Q_m(x)$，$P_n(x)$一定有以 0 为极限的$(x-x_0)$型公因子，将 $Q_m(x)$，$P_n(x)$因式分解，约去公因子后，再求极限.

例 5 求 $\lim\limits_{x\to\infty}\dfrac{2x^2-5x+4}{3x^2+2x-5}$.

解 这是$\dfrac{\infty}{\infty}$型未定式$\Big($求分式的极限时，若分母与分子的极限都是∞，通常称其为**$\dfrac{\infty}{\infty}$型未定式**$\Big)$. 用无穷小与无穷大的倒数关系，将分母与分子同除以 x 的最高次幂 x^2，再用极限的四则运算法则.

$$\text{原式}=\lim_{x\to\infty}\frac{2-\dfrac{5}{x}+\dfrac{4}{x^2}}{3+\dfrac{2}{x}-\dfrac{5}{x^2}}=\frac{\lim\limits_{x\to\infty}\left(2-\dfrac{5}{x}+\dfrac{4}{x^2}\right)}{\lim\limits_{x\to\infty}\left(3+\dfrac{2}{x}-\dfrac{5}{x^2}\right)}=\frac{2-0+0}{3+0-0}=\frac{2}{3}.$$

例 6 求 $\lim\limits_{x\to\infty}\dfrac{3x^2-5}{2x+4}$.

解 这是$\dfrac{\infty}{\infty}$型未定式. 用极限式中 x 的最高次幂 x^2 除分母、分子，并利用例 3 的思路.

$$\text{原式}=\lim_{x\to\infty}\frac{3-\dfrac{5}{x^2}}{\dfrac{2}{x}+\dfrac{4}{x^2}}=\infty.$$

由例 5，例 6 可得**一般结论**：若 $R(x)$是有理分式，则

$$\lim_{x\to\infty}R(x)=\lim_{x\to\infty}\frac{a_0x^n+a_1x^{n-1}+\cdots+a_{n-1}x+a_n}{b_0x^m+b_1x^{m-1}+\cdots+b_{m-1}x+b_m}$$

$$=\begin{cases}\dfrac{a_0}{b_0}, & 当\ n=m\ 时, \\ 0, & 当\ n<m\ 时, \\ \infty, & 当\ n>m\ 时.\end{cases}$$

习 题 1.5

A 组

1. 求下列极限：

(1) $\lim\limits_{x\to 3}(3x^2-4x-10)$； (2) $\lim\limits_{x\to 1}\dfrac{x-4}{2x^2+3}$； (3) $\lim\limits_{x\to -2}\dfrac{3+4x^2}{x+2}$； (4) $\lim\limits_{x\to 4}\dfrac{x^2-6x+8}{x^2-5x+4}$.

2. 求下列极限：

(1) $\lim\limits_{n\to\infty}\dfrac{2n^2+4n+5}{5n^2-3n+1}$； (2) $\lim\limits_{x\to\infty}\dfrac{3+4x^2}{x+1}$； (3) $\lim\limits_{x\to\infty}\dfrac{x^2+4}{2x^3+x}$；

(4) $\lim\limits_{x\to\infty}\dfrac{(4x-1)^{30}(3x-2)^{20}}{(4x+2)^{50}}$.

B 组

1. 设 $f(x)=\dfrac{x^2-4}{3x^2+5x-2}$，求下列极限：

(1) $\lim\limits_{x\to 2}f(x)$； (2) $\lim\limits_{x\to -2}f(x)$； (3) $\lim\limits_{x\to \frac{1}{3}}f(x)$； (4) $\lim\limits_{x\to\infty}f(x)$.

2. 求下列极限：

(1) $\lim\limits_{x\to 3}\dfrac{\sqrt{x+1}-2}{x-3}$； (2) $\lim\limits_{\Delta x\to 0}\dfrac{\sqrt{x+\Delta x}-\sqrt{x}}{\Delta x}$； (3) $\lim\limits_{x\to 1}\left(\dfrac{2}{x^2-1}-\dfrac{1}{x-1}\right)$；

(4) $\lim\limits_{x\to +\infty}\dfrac{\sqrt[3]{2x^3+3}}{\sqrt{x^2-2}}$； (5) $\lim\limits_{x\to +\infty}x(\sqrt{x^2-1}-x)$.

§1.6 两个重要极限

【学习本节要达到的目标】

1. 掌握两个重要极限.
2. 知道复利与贴现问题.
3. 了解无穷小阶的概念.

一、两个重要极限

在极限运算中，经常要用到如下**两个重要极限**. 我们可作为极限运算公式使用.

1. 极限 $\lim\limits_{x\to 0}\frac{\sin x}{x}=1$

这是函数的极限. 当 $x>0$ 时,直接计算 $\frac{\sin x}{x}$ 得表 1-1. 由表 1-1 易看出,当 x 取值越接近 0,则相应的 $\frac{\sin x}{x}$ 的取值越接近 1.

表 1-1

x	$\frac{\sin x}{x}$
1	0.841471
0.3	0.985067
0.2	0.993347
0.1	0.998334
0.05	0.999583
0.02	0.999933
0.01	0.999983
0.009	0.999986
0.0005	0.999999

表 1-2

n	$\left(1+\frac{1}{n}\right)^n$
1	2.000000
10	2.593742
10^2	2.704814
10^3	2.716924
10^4	2.718146
10^5	2.718268
10^6	2.718280
10^7	2.718282

当 $x<0$ 时,由于

$$\frac{\sin x}{x}=\frac{-\sin x}{-x}=\frac{\sin(-x)}{-x},$$

即 $\frac{\sin x}{x}$ 的值不变.

综上所述,可以看出,有**第一个重要极限**

$$\lim_{x\to 0}\frac{\sin x}{x}=1.$$

这个极限可作为一个公式来用. 若在极限式中有三角函数或反正弦函数、反正切函数,且为 $\frac{0}{0}$ 型未定式时,常用到该公式.

2. 极限 $\lim\limits_{n\to\infty}\left(1+\frac{1}{n}\right)^n=\mathrm{e}$

这是数列的极限. 对数列 $\left\{\left(1+\frac{1}{n}\right)^n\right\}$ 取值计算,取小数点后有效位数为 6 位,列出表 1-2. 由表 1-2 看出,该数列是单调增加的;若再仔细分析表中的数值会发现,随着 n 增大,数列后项与前项的差值在减少,而且减少得相当快;表中最后两项,项数相隔 900 万项,而前 5

位有效数字相同.这表明,数列的通项 $y_n=\left(1+\frac{1}{n}\right)^n$,当 n 无限增大时,它将趋于一个常数.可以推出,该数列有极限,且极限为无理数 e,即

$$\lim_{n\to\infty}\left(1+\frac{1}{n}\right)^n=\mathrm{e}.$$

当将该极限中的 n 换为实数 x 时,同样有

$$\lim_{x\to\infty}\left(1+\frac{1}{x}\right)^x=\mathrm{e},\quad 或写为 \quad \lim_{x\to 0}(1+x)^{\frac{1}{x}}=\mathrm{e}.$$

这个极限,通常称为**第二个重要极限**.

由于当 $x\to\infty$ 时,$\left(1+\frac{1}{x}\right)\to 1$,第二个重要极限可看做是 1^∞ 型.在求幂指函数 $f(x)^{g(x)}$ 的极限时,若 $\lim f(x)=1$,$\lim g(x)=\infty$,这看做是 **1^∞ 型未定式**,常考虑用第二个重要极限.

例 1 求 $\lim\limits_{x\to 0}\frac{\tan x}{x}$.

解 注意到本例为 $\frac{0}{0}$ 型未定式,且 $\tan x=\frac{\sin x}{\cos x}$,于是,由第一个重要极限与乘积的极限法则

$$原式=\lim_{x\to 0}\frac{\sin x}{x}\cdot\frac{1}{\cos x}=\lim_{x\to 0}\frac{\sin x}{x}\cdot\frac{1}{\lim\limits_{x\to 0}\cos x}=1\cdot\frac{1}{1}=1.$$

该极限式也可作为一个公式来用.

例 2 求 $\lim\limits_{x\to 0}\frac{\sin ax}{x}$,其中 $a\neq 0$ 是常数.

解 由于 $\frac{\sin ax}{x}=a\frac{\sin ax}{ax}$;令 $t=ax$,则当 $x\to 0$ 时,$t\to 0$.于是

$$原式=a\lim_{x\to 0}\frac{\sin ax}{ax}=a\lim_{t\to 0}\frac{\sin t}{t}=a\cdot 1=a.$$

例 3 求 $\lim\limits_{x\to 1}\frac{\sin(x-1)}{x^2-1}$.

解 这是 $\frac{0}{0}$ 型未定式.注意到,当 $x\to 1$ 时,$(x-1)\to 0$ 且 $x^2-1=(x-1)(x+1)$.令 $t=x-1$,于是

$$\begin{aligned}原式&=\lim_{x\to 1}\frac{\sin(x-1)}{(x+1)(x-1)}=\lim_{x\to 1}\frac{1}{x+1}\cdot\frac{\sin(x-1)}{x-1}\\&=\frac{1}{2}\lim_{t\to 0}\frac{\sin t}{t}=\frac{1}{2}\cdot 1=\frac{1}{2}.\end{aligned}$$

例 4 求 $\lim\limits_{x\to\infty}\left(1-\frac{1}{x}\right)^x$.

解 由于$\left(1-\frac{1}{x}\right)^x$与$\left(1+\frac{1}{x}\right)^x$相差一个符号，不能直接用第二个重要极限.

令$t=-\frac{1}{x}$，则$x=-\frac{1}{t}$，且当$x\to\infty$时，$t\to 0$. 于是

$$原式=\lim_{t\to 0}(1+t)^{-\frac{1}{t}}=\lim_{t\to 0}[(1+t)^{\frac{1}{t}}]^{-1}=\mathrm{e}^{-1}.$$

例 5 求$\lim\limits_{x\to\infty}\left(1+\frac{3}{x}\right)^{2x}$.

解 这是1^∞型未定式. 令$t=\frac{3}{x}$，则$2x=\frac{6}{t}$；且当$x\to\infty$时，$t\to 0$. 于是

$$原式=\lim_{t\to 0}(1+t)^{\frac{6}{t}}=\lim_{t\to 0}[(1+t)^{\frac{1}{t}}]^6=\mathrm{e}^6.$$

例 6 求$\lim\limits_{x\to 0}(1+3\tan x)^{\cot x}$.

解 注意到，当$x\to 0$时，$\tan x\to 0$，$\cot x\to\infty$，这是1^∞型未定式.

令$t=3\tan x$，则$\cot x=\frac{3}{t}$；且$x\to 0$时，$t\to 0$. 于是

$$原式=\lim_{x\to 0}(1+t)^{\frac{3}{t}}=\lim_{t\to 0}[(1+t)^{\frac{1}{t}}]^3=\mathrm{e}^3.$$

例 7 求$\lim\limits_{x\to 0}\frac{\ln(1+x)}{x}$.

解 由对数性质$\frac{\ln(1+x)}{x}=\ln(1+x)^{\frac{1}{x}}$，又知$\lim\limits_{x\to 0}(1+x)^{\frac{1}{x}}=\mathrm{e}$，故

$$原式=\lim_{x\to 0}\ln(1+x)^{\frac{1}{x}}=\ln\mathrm{e}=1.$$

二、复利与贴现

作为公式$\lim\limits_{n\to\infty}\left(1+\frac{1}{n}\right)^n=\mathrm{e}$在经济方面的应用，在此介绍**复利**与**贴现**问题.

1. 复利公式

现有本金A_0，以年利率r贷出，若以复利计息，t年末A_0将增值到A_t，试计算A_t.

所谓复利计息，就是将每期利息于每期之末加入该期本金，并以此为新本金再计算下期利息.

若以一年为1期计算利息，一年末的本利和为

$$A_1=A_0(1+r);$$

二年末的本利和为

$$A_2=A_1(1+r)=A_0(1+r)(1+r)=A_0(1+r)^2;$$

依此类推，t年末的本利和为

$$A_t=A_0(1+r)^t. \tag{1}$$

若仍以年利率为 r，一年不是计息 1 期，而是一年计息 n 期，且以 $\frac{r}{n}$ 为每期的利息来计算. 在这种情况下，易推得，t 年末的本利和为

$$A_t = A_0\left(1+\frac{r}{n}\right)^{nt}. \tag{2}$$

上述计息的"期"是确定的时间间隔，因而一年计息次数为有限次. 公式(1)、(2)可认为**是按离散情况计算** t 年末本利和 A_t 的**复利公式**.

若计息的"期"的时间间隔无限缩短，从而计息次数 $n\to\infty$. 这种情况称为**连续复利**. 由于

$$\lim_{n\to\infty}A_0\left(1+\frac{r}{n}\right)^{nt} = A_0\lim_{n\to\infty}\left[\left(1+\frac{r}{n}\right)^{\frac{n}{r}}\right]^{rt} = A_0 e^{rt},$$

所以，若以**连续复利计算利息**，其**复利公式**是

$$A_t = A_0 e^{rt}. \tag{3}$$

在公式(1)，(2)和(3)中，现有本金 A_0 称为**现在值**，t 年末的本利和 A_t 称为**未来值**. 已知现在值 A_0 求未来值 A_t 是**复利问题**.

2. 贴现公式

若已知未来值 A_t，求现在值 A_0，则称**贴现问题**，这时，利率 r 称为**贴现率**.

由复利公式(1)易推得，若以一年为 1 期贴现，**贴现公式**是

$$A_0 = A_t(1+r)^{-t}. \tag{4}$$

若一年均分 n 期贴现，由复利公式(2)可得，**贴现公式**是

$$A_0 = A_t\left(1+\frac{r}{n}\right)^{-nt}. \tag{5}$$

由复利公式(3)可得，连续**贴现公式**是

$$A_0 = A_t e^{-rt}. \tag{6}$$

例 8 用分期付款方式购买 20 万元一辆的轿车. 设贷款期限为 5 年，年利率为 4%. 试计算 5 年末还款的本利和：

(1) 按离散情况计算，每年计息 4 次；

(2) 按连续复利计算.

解 (1) 用公式(2)，其中 $A_0=20$，$n=4$，$r=0.04$，$t=5$. 于是

$$A_5 = 20\left(1+\frac{0.04}{4}\right)^{4\cdot 5} \approx 20\cdot 1.220995 = 24.4199(\text{万元}).$$

(2) 用公式(3)，其中 $A_0=20$，$r=0.04$，$t=5$. 于是

$$A_5 = 20\cdot e^{0.04\cdot 5} = 20\cdot 1.2214028 = 24.4281(\text{万元}).$$

例 9 设年利率为 7%，现投资多少元，16 年末可得 40000 元？

(1) 按离散情况计算，每年计息 12 期；

(2) 按连续复利计算.

解 (1) 用公式(5),其中 $A_t=40000, n=12, r=0.07, t=16$. 于是

$$A_0=40000\left(1+\frac{0.07}{12}\right)^{-12\cdot 16}=\frac{40000}{(1+0.0058)^{12\cdot 16}}$$

$$=\frac{40000}{(1+0.0058)^{192}}\approx\frac{40000}{2.1136}=18925.06(\text{元}).$$

(2) 用公式(6),其中 $A_t=40000, r=0.07, t=16$. 于是

$$A_0=40000\cdot \mathrm{e}^{-0.07\cdot 16}=\frac{40000}{\mathrm{e}^{0.07\cdot 16}}=\frac{40000}{3.0648542}=13051.19(\text{元}).$$

三、无穷小的比较

我们已经知道,以零为极限的变量称为无穷小. 不过,不同的无穷小收敛于零的速度有快有慢;当然,快慢是相对的. 对此,我们通过考查两个无穷小之比,引进无穷小阶的概念.

例如,当 $x\to 0$ 时,$x^2, x^{\frac{1}{3}}, 2x, \sin x$ 都是无穷小. 我们若以 x 收敛于零的速度作为标准,将上述无穷小与 x 相比较. 由于

$$\lim_{x\to 0}\frac{x^2}{x}=0,\quad \lim_{x\to 0}\frac{x^{\frac{1}{3}}}{x}=\infty,\quad \lim_{x\to 0}\frac{2x}{x}=2,\quad \lim_{x\to 0}\frac{\sin x}{x}=1.$$

显然,当 $x\to 0$ 时,它们收敛于零的速度与 x 相比是不同的,其中

x^2 较 x 为快,称 x^2 是比 x 较高阶的无穷小;

$x^{\frac{1}{3}}$ 较 x 为慢,称 $x^{\frac{1}{3}}$ 是比 x 较低阶的无穷小;

$2x$ 与 x 只是相差一个倍数,称 $2x$ 与 x 是同阶无穷小;

$\sin x$ 与 x 应该说几乎是一致的,称 $\sin x$ 与 x 是等价无穷小.

一般情况有如下**定义**:

设 $\alpha(\alpha\neq 0)$ 和 β 是同一变化过程中的无穷小.

若 $\lim\dfrac{\beta}{\alpha}=0$,则称 β 是比 α **较高阶**的无穷小,记为 $\beta=o(\alpha)$;

若 $\lim\dfrac{\beta}{\alpha}=\infty$,则称 β 是比 α **较低阶**的无穷小;

若 $\lim\dfrac{\beta}{\alpha}=C$ (C 是不为零的常数),则称 β 与 α 是**同阶**无穷小;

若 $\lim\dfrac{\beta}{\alpha}=1$,则称 β 与 α 是**等价**无穷小,记为 $\beta\sim\alpha$.

例 10 证明:当 $x\to 0$ 时,$1-\cos x\sim\dfrac{1}{2}x^2$.

证 注意到 $(1-\cos x)(1+\cos x)=1-\cos^2 x=\sin^2 x$. 于是

$$\lim_{x\to 0}\frac{1-\cos x}{\frac{1}{2}x^2}=2\lim_{x\to 0}\frac{1-\cos^2 x}{x^2(1+\cos x)}=2\lim_{x\to 0}\left(\frac{\sin x}{x}\right)^2\frac{1}{1+\cos x}=2\cdot 1^2\cdot\frac{1}{2}=1.$$

由等价无穷小的定义知，$1-\cos x\sim\frac{1}{2}x^2$.

习 题 1.6

A 组

1. 求下列极限：

(1) $\lim\limits_{x\to0}\frac{2\tan x+\sin2x}{x}$； (2) $\lim\limits_{x\to0}\frac{\sin3x}{\sin2x}$； (3) $\lim\limits_{x\to0}\frac{\sin(\sin x)}{x}$； (4) $\lim\limits_{x\to2}\frac{\sin(x^2-4)}{x-2}$.

2. 求下列极限：

(1) $\lim\limits_{x\to\infty}\left(1+\frac{1}{x}\right)^{3x}$； (2) $\lim\limits_{x\to0}(1-3x)^{\frac{1}{x}}$； (3) $\lim\limits_{x\to0}\left(\frac{2-x}{2}\right)^{\frac{2}{x}-1}$； (4) $\lim\limits_{n\to\infty}\left(1+\frac{2}{n}\right)^{n+3}$.

3. 用分期付款方式购买一价值为 50 万元的商品房. 设贷款期限 10 年，年利率 4%. 试计算 10 年末还款的本利和.

(1) 按离散情况计算，每年计息 12 期； (2) 按连续复利计算.

4. 设年利率为 9%，现投资多少元，10 年之末可得 12000 元?

(1) 按离散情况计算，每年计息 4 期； (2) 按连续复利计算.

5. 当 $x\to0$ 时，试将下列无穷小与 x 进行比较：

(1) $\sqrt[3]{x}+\sin x$； (2) $\tan x-\sin x$； (3) $x^2+\sin2x$； (4) $x+\sin^2x$.

6. 证明：当 $x\to0$ 时，$\arcsin x\sim x$.

B 组

1. 求下列极限：

(1) $\lim\limits_{n\to\infty}2^n\sin\frac{x}{2^n}$； (2) $\lim\limits_{x\to0}\frac{\sqrt{1+x}-\sqrt{1-x}}{\sin x}$； (3) $\lim\limits_{x\to\infty}\left(\frac{x-1}{x+1}\right)^x$； (4) $\lim\limits_{x\to\infty}\left(1-\frac{1}{x}\right)^{\sqrt{x}}$.

2. 证明：当 $x\to0$ 时，$1-\sqrt{1-2x^2}\sim x^2$.

§1.7 函数的连续性

【学习本节要达到的目标】

1. 理解函数连续性概念.
2. 知道初等函数的连续性.
3. 知道闭区间上连续函数的性质.

一、连续性概念

1. 改变量的概念

为以下叙述需要，先介绍改变量的概念和记号.

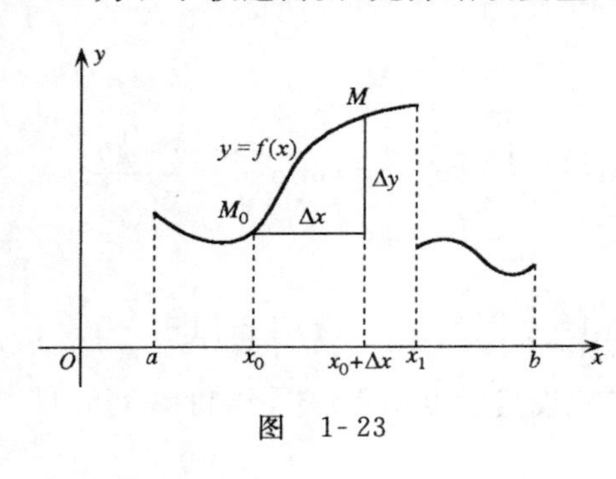

图 1-23

如图 1-23 所示，设函数 $y=f(x)$ 当自变量 x 由初值 x_0 起改变到终值 $x_0+\Delta x$，自变量实际改变了 Δx，Δx 可正、可负，也可为 0，称 Δx 为自变量的**改变量**. 这时，函数值相应地由 $f(x_0)$ 改变到 $f(x_0+\Delta x)$. 在曲线 $y=f(x)$ 上，点 M_0 的坐标为 $M_0(x_0,f(x_0))$，点 M 的坐标为 $M(x_0+\Delta x,f(x_0+\Delta x))$. 若函数相应的改变量记为 Δy，则

$$\Delta y = f(x_0+\Delta x)-f(x_0).$$

若记 $x=x_0+\Delta x$，则 $\Delta x=x-x_0$，相应的函数的改变量为

$$\Delta y = f(x)-f(x_0).$$

2. 函数连续的定义

客观世界的许多现象都是连续变化的，所谓连续就是不间断. 例如，气温是随时间的变化不间断的上升或下降的. 若从函数的观点看，气温是时间的函数，当时间(自变量)变化很微小时，气温(函数)相应地变化也很微小. 在数学上，这就是连续函数，它反映了变量逐渐变化的过程.

(1) 函数在一点连续的定义

我们用图 1-23 来阐明函数在一点连续与间断最本质的数量特征.

在 x_1 处，曲线断开，作为曲线 $y=f(x)$ 上的点的横坐标 x 从 x_1 左侧近旁变到右侧近旁时，曲线上的点的纵坐标 y 呈现跳跃，即在 x_1 处，当自变量有微小改变时，相应的函数值有显著改变. 在点 x_0 处，曲线是连续的，情况则不同：曲线 $y=f(x)$ 上的点的横坐标 x 自 x_0 向左或向右作微小移动时，其相应的纵坐标 y 呈渐变. 换言之，自变量 x 在 x_0 处有微小改变时，相应的函数值 y 自 $f(x_0)$ 也有微小改变. 按前述改变量的记法，在 x_0 处，当 Δx 很微小时，Δy 也很微小. 特别是，当横坐标(自变量)的改变量 $\Delta x\to 0$ 时，相应地纵坐标(函数)的改变量 $\Delta y\to 0$. 这就是函数 $y=f(x)$ 在点 x_0 处连续的实质.

由以上分析，得到函数**在一点连续的定义**.

定义 设函数 $y=f(x)$ 在点 x_0 的某邻域内有定义，若

$$\lim_{\Delta x\to 0}\Delta y = \lim_{\Delta x\to 0}[f(x_0+\Delta x)-f(x_0)] = 0, \tag{1}$$

则称函数 $y=f(x)$ **在点** x_0 **连续**，称 x_0 为该函数的**连续点**.

注意到 $\Delta y=f(x)-f(x_0)$，显然(1)式也可记为

$$\lim_{x\to x_0} f(x) = f(x_0). \tag{2}$$

依(2)式，函数 $f(x)$ 在点 x_0 连续需下述三个条件皆满足：

(i) 在点 x_0 的某邻域内有定义；

(ii) 极限 $\lim\limits_{x\to x_0} f(x)$ 存在；

(iii) 极限 $\lim\limits_{x\to x_0} f(x)$ 的值等于该点的函数值 $f(x_0)$.

若上述三个条件之一不满足，函数 $f(x)$ 在点 x_0 处就不连续，称 x_0 是函数 $f(x)$ 的**不连续点**，即**间断点**.

我们常用(2)式，即上述三个条件来讨论函数 $f(x)$ 在某点处是否连续.

例 1 函数 $f(x)=\begin{cases} \dfrac{\sin x}{x}, & x\neq 0, \\ 1, & x=0 \end{cases}$ 在 $x=0$ 处是连续的. 这是因为

(i) $f(x)$ 在 $x=0$ 处有定义，且 $f(0)=1$；

(ii) 极限 $\lim\limits_{x\to 0} f(x)=\lim\limits_{x\to 0}\dfrac{\sin x}{x}=1$； (iii) $\lim\limits_{x\to 0} f(x)=f(0)$，

所以，按(2)式，函数 $f(x)$ 在 $x=0$ 处是连续的.

(2) 左连续与右连续

由函数 $f(x)$ 在点 x_0 左极限与右极限的定义，立即得到函数 $f(x)$ 在点 x_0 **左连续**与**右连续的定义**.

若 $\lim\limits_{x\to x_0^-} f(x)=f(x_0)$，则称函数 $f(x)$ 在点 x_0 **左连续**；

若 $\lim\limits_{x\to x_0^+} f(x)=f(x_0)$，则称函数 $f(x)$ 在点 x_0 **右连续**.

由此可知，函数 $f(x)$ 在点 x_0 连续的**充分必要条件**是：函数 $f(x)$ 在点 x_0 既左连续，又右连续，即

$$\lim_{x\to x_0} f(x) = f(x_0) \Longleftrightarrow \lim_{x\to x_0^-} f(x) = f(x_0) = \lim_{x\to x_0^+} f(x).$$

例 2 函数 $f(x)=|x|=\begin{cases} x, & x\geqslant 0, \\ -x, & x<0 \end{cases}$ 在 $x=0$ 处是连续的. 这是因为

$f(x)$ 在 $x=0$ 处有定义，且 $f(0)=0$；又

$$\lim_{x\to 0^-} f(x) = \lim_{x\to 0^-}(-x) = 0 = f(0), \quad \lim_{x\to 0^+} f(x) = \lim_{x\to 0^+} x = 0 = f(0),$$

即函数 $f(x)$ 在 $x=0$ 既左连续，又右连续，所以它在 $x=0$ 处连续.

函数在一点连续的定义，很自然地可以拓广到一个区间上.

若函数 $f(x)$ 在区间 I 上每一点都连续，则称函数 $f(x)$ **在 I 上连续**，或称 $f(x)$ 为 I 上的**连续函数**.

若函数 $f(x)$ 在开区间 (a,b) 上连续；又在端点 a 处右连续，在端点 b 处左连续，即有

$$\lim_{x\to a^+}f(x)=f(a),\quad \lim_{x\to b^-}f(x)=f(b),$$

则称函数 $f(x)$**在闭区间**$[a,b]$**上连续**.

二、初等函数的连续性

可以证明：**初等函数在其有定义的区间内都是连续的**.

根据这一结论，求初等函数在其定义区间内某点 x_0 的极限时，只要求出该点的函数值即可. 即，若 $f(x)$是初等函数，x_0 是 $f(x)$有定义区间内的点，则

$$\lim_{x\to x_0}f(x)=f(x_0).$$

三、闭区间上连续函数的性质

先给出函数 $f(x)$在区间上最大值与最小值的概念.

设函数 $f(x)$在区间 I 上有定义，若 $x_0\in I$，且对该区间内的一切 x，有

$$f(x)\leqslant f(x_0)\quad 或 \quad f(x)\geqslant f(x_0),$$

则称 $f(x_0)$是函数 $f(x)$在区间 I 上的**最大值或最小值**. 最大值与最小值统称为**最值**.

定理 1（最大值、最小值定理） 若函数 $f(x)$在闭区间$[a,b]$上连续，则 $f(x)$在$[a,b]$上**有最大值与最小值**.

从图形上看（见图 1-24），定理的结论成立是显然的. 在区间$[a,b]$上包括端点的一段连续曲线，必定有一点$(x_1,f(x_1))$最低，也有一点$(x_2,f(x_2))$最高.

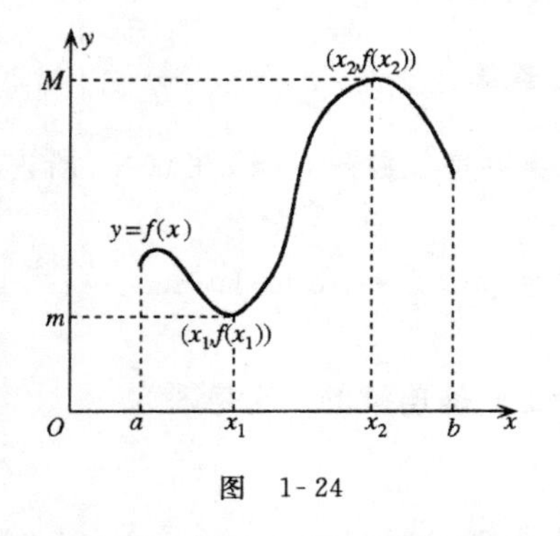

图 1-24

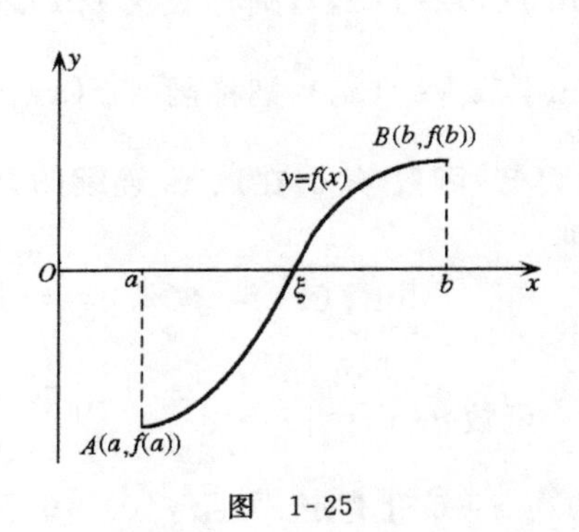

图 1-25

说明 若函数 $f(x)$在开区间内连续，它不一定有最大值与最小值. 例如，$y=\sin x$ 在区间$(0,\pi/2)$内连续，它在该区间内既无最大值也无最小值.

定理 2（零点定理） 若函数 $f(x)$在闭区间$[a,b]$上连续，且 $f(a)$与 $f(b)$异号，则在(a,b)内至少存在一点 ξ，使得

$$f(\xi)=0.$$

由图 1-25 我们可以看出这一结论：若点 $A(a,f(a))$与点 $B(b,f(b))$分别在 x 轴的上

下两侧，则连接点 A 与点 B 的连续曲线 $y=f(x)$ 至少与 x 轴有一个交点. 若交点为 $(\xi,0)$，则显然 $f(\xi)=0$.

零点定理说明方程 $f(x)=0$ 在区间 (a,b) 内至少存在一个根.

习 题 1.7

A 组

1. 讨论下列函数在点 $x=0$ 处的连续性：

(1) $f(x)=\begin{cases} x\sin\dfrac{1}{x}, & x\neq 0, \\ 0, & x=0; \end{cases}$ (2) $f(x)=\begin{cases} x+2, & x\geqslant 0, \\ x-2, & x<0. \end{cases}$

2. 确定常数 k 的值，使函数 $f(x)=\begin{cases} \dfrac{x^2-9}{x-3}, & x\neq 3, \\ k, & x=3 \end{cases}$ 在 $x=3$ 处连续.

3. 确定下列函数的间断点：

(1) $f(x)=\dfrac{\tan x}{x}$； (2) $f(x)=\begin{cases} x-1, & x<0, \\ 0, & x=0, \\ x+1, & x>0; \end{cases}$ (3) $f(x)=\begin{cases} x, & x\neq 2, \\ 1, & x=2. \end{cases}$

4. 确定下列函数的连续区间，并求极限：

(1) $f(x)=\ln(2-x)$，求 $\lim\limits_{x\to 1}f(x)$； (2) $f(x)=\sqrt{x-3}+\sqrt{5-x}$，求 $\lim\limits_{x\to 4}f(x)$.

B 组

1. 函数 $f(x)$ 在 x_0 处极限存在是 $f(x)$ 在 x_0 处连续的（　　）.

(A) 必要条件但非充分条件 (B) 充分条件但非必要条件

(C) 充分必要条件 (D) 无关条件

2. 证明方程 $x^3-4x^2+1=0$ 在区间 $(0,1)$ 内至少有一个根.

总习题一

1. 填空题：

(1) 设 $f(x)=\mathrm{e}^{x-1}$，则 $f(\ln f(x))=$ ________； (2) $\lim\limits_{n\to\infty}\dfrac{5^n+4^n+3^n}{1000+5^n}=$ ________；

(3) 若 $\lim\limits_{x\to 1}\dfrac{x^2+2x+a}{x-1}=b$，则 $a=$ ________，$b=$ ________；

(4) 设 $f(x)=\begin{cases}(1-x)^{\frac{1}{x}}, & x\neq 0,\\ a, & x=0\end{cases}$ 在 $x=0$ 处连续，则 $a=$________.

2. 单项选择题：

(1) 函数 $y=1+x+x^2+\cdots+x^n(n\in\mathbf{N}_+)$ 是( ).

(A) 基本初等函数 (B) 复合函数 (C) 初等函数 (D) 非初等函数

(2) 若 $\lim\limits_{x\to x_0^-}f(x)=A$, $\lim\limits_{x\to x_0^+}f(x)=A$，则 $f(x)$ 在 x_0 点处( ).

(A) 必定有定义 (B) 必定有 $f(x_0)=A$ (C) 必定有极限 (D) 必定连续

(3) 当 $n\to\infty$ 时，若 $\sin^2\dfrac{1}{n}$ 与 $\dfrac{1}{n^k}$ 是等价无穷小，则 $k=$( ).

(A) 1/2 (B) 2 (C) 1 (D) 3

(4) 函数 $f(x)=x-1$ 在区间 $(0,2)$ 内( ).

(A) 没有最大值，也没有最小值 (B) 有最大值，也有最小值

(C) 没有最大值，有最小值 (D) 有最大值，没有最小值

3. 设 $f(x)=\dfrac{x^2-4}{x^2-x-6}$，求：

(1) $\lim\limits_{x\to 2}f(x)$； (2) $\lim\limits_{x\to -2}f(x)$； (3) $\lim\limits_{x\to 3}f(x)$； (4) $\lim\limits_{x\to\infty}f(x)$.

4. 设 $f(x)=\dfrac{4x^2+3}{x-1}+ax+b$，按下列条件确定 a,b：

(1) $\lim\limits_{x\to\infty}f(x)=0$； (2) $\lim\limits_{x\to\infty}f(x)=\infty$； (3) $\lim\limits_{x\to\infty}f(x)=2$； (4) $\lim\limits_{x\to 0}f(x)=1$.

5. 求下列极限：

(1) $\lim\limits_{x\to 0}\dfrac{\sqrt{4+x}-2}{\sin x}$； (2) $\lim\limits_{x\to 0}\left(\dfrac{2-x}{2}\right)^{\frac{2}{x}-1}$.

6. 确定函数 $f(x)=\dfrac{1}{\sqrt{x^2-3x+2}}$ 的连续区间.

第二章

导数与微分

导数与微分是微分学中的两个重要概念，在自然科学、工程技术和经济领域中有着广泛的应用．本章主要介绍导数与微分的概念及其计算方法．

§2.1 导数概念

【学习本节要达到的目标】

理解导数概念，掌握导数的几何意义．

一、引出导数概念的实例

导数概念起源于几何学中的切线斜率问题和物理学中的瞬时速度问题，我们先来看这两个实际问题．

1. 曲线的切线斜率

要研究曲线的切线斜率，我们先定义曲线的切线．

设 M_0 是曲线 L 上的任意一点，M 是曲线上与点 M_0 邻近的一点，连接 M_0，M 得到割线 M_0M. 当点 M 沿着曲线 L 无限趋近于点 M_0 时，割线 M_0M 的极限位置 M_0T 称为**曲线在点 M_0 处的切线**(图 2-1).

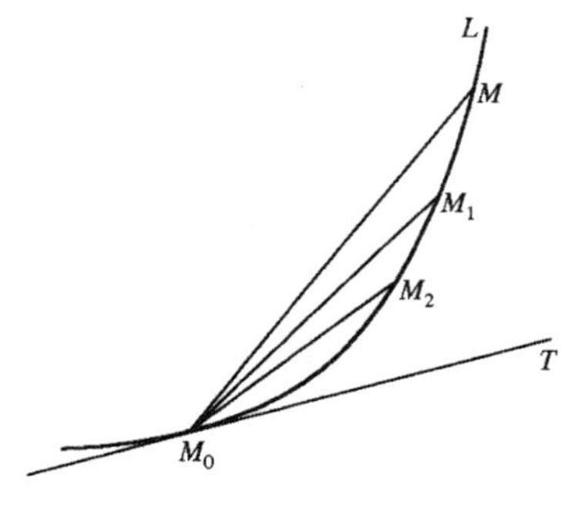

图 2-1

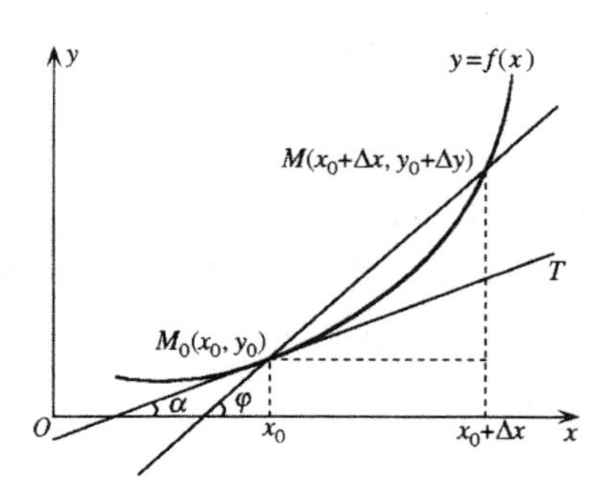

图 2-2

我们现在的问题是：已知曲线 L 的方程为 $y=f(x)$，要确定过曲线上点 $M_0(x_0,y_0)$ 处的切线斜率.

按上述切线的定义，在曲线 $y=f(x)$ 上取邻近于点 M_0 的点 $M(x_0+\Delta x,y_0+\Delta y)$，割线 M_0M 的倾角为 φ（图 2-2），其斜率是点 M_0 的纵坐标的改变量 Δy 与横坐标的改变量 Δx 之比，即

$$\tan\varphi=\frac{\Delta y}{\Delta x}=\frac{f(x_0+\Delta x)-f(x_0)}{\Delta x}.$$

割线 M_0M 的斜率可以作为切线斜率的近似值；显然，当 $|\Delta x|$ 越小，即点 M 沿曲线越趋近于点 M_0，其近似程度越好.

现在让点 M 沿着曲线移动并无限趋近于点 M_0，即当 $\Delta x\to 0$ 时，割线 M_0M 将绕着点 M_0 转动，当其达到极限位置时成为切线 M_0T. 因此割线 M_0M 的斜率的极限

$$\tan\alpha=\lim_{\Delta x\to 0}\tan\varphi=\lim_{\Delta x\to 0}\frac{\Delta y}{\Delta x}=\lim_{\Delta x\to 0}\frac{f(x_0+\Delta x)-f(x_0)}{\Delta x}$$

就是曲线 $y=f(x)$ 在点 $M_0(x_0,y_0)$ 处切线 M_0T 的斜率，上式中的 α 是切线 M_0T 的倾角.

由以上计算过程我们可以看到，先作割线，求出割线的斜率；然后通过取极限，从割线过渡到切线，从而**求出切线斜率**.

2. 变速直线运动的瞬时速度

若物体作匀速直线运动，以 t 表示经历的时间，s 表示所走过的路程，则运动的速度

$$v=\frac{s}{t}.$$

若物体作变速直线运动，我们将物体在时刻 t_0 的速度称为**瞬时速度**. 现假设物体作变速直线运动，所走过的路程 s 是经历时间 t 的函数，其运动方程为 $s=f(t)$.

我们现在的问题是：已知物体作变速直线运动的方程为 $s=f(t)$，要确定该物体在时刻 t_0 的瞬时速度.

为此，取邻近于 t_0 的时刻 $t=t_0+\Delta t$，在 Δt 这一段时间内，物体走过的路程为

$$\Delta s=f(t_0+\Delta t)-f(t_0).$$

物体运动的平均速度可表示为

$$\bar{v}=\frac{\Delta s}{\Delta t}=\frac{f(t_0+\Delta t)-f(t_0)}{\Delta t}.$$

用在 Δt 这一段时间内的平均速度表示物体在时刻 t_0 的运动速度，这是近似值；显然，当 $|\Delta t|$ 越小，即时刻 t 越接近于时刻 t_0，其近似程度越好.

现让 $|\Delta t|$ 变小，以至于 $|\Delta t|\to 0$，平均速度 $\bar{v}$ 的极限自然就是物体在时刻 t_0 运动的瞬时速度，即

$$v(t_0)=\lim_{\Delta t\to 0}\frac{\Delta s}{\Delta t}=\lim_{\Delta t\to 0}\frac{f(t_0+\Delta t)-f(t_0)}{\Delta t}.$$

由以上计算过程我们可以看到,先在局部范围内求出平均速度,然后通过取极限,由平均速度过渡到**瞬时速度**.

以上两个实际问题,虽然所属的范畴不同,但从数学上看,解决问题的方法却完全一样,都是计算同一类型的极限:当自变量的改变量趋于零时,函数的改变量与自变量的改变量之比的极限,即对函数 $y=f(x)$,要计算极限

$$\lim_{\Delta x\to 0}\frac{\Delta y}{\Delta x}=\lim_{\Delta x\to 0}\frac{f(x_0+\Delta x)-f(x_0)}{\Delta x}.$$

上式中,Δx 是自变量 x 在 x_0 处的改变量,且 $\Delta x\neq 0$, $\Delta y=f(x_0+\Delta x)-f(x_0)$是与 Δx 相对应的函数 $y=f(x)$的改变量.若上述极限存在,这个极限表示函数 $y=f(x)$在 x_0 处的变化率,描述该函数在这一点变化的快慢程度.

在实际中,凡是考查一个变量随着另一个变量变化的变化率问题,都可归结为计算上述类型的极限.正是因为如此,上述极限揭示了自然科学、工程技术、经济学中很多不同质的现象在量方面的共性,正是**这种共性的数学抽象而引出函数的导数概念**.

二、导数概念

1. 导数定义

定义 设函数 $y=f(x)$在点 x_0 的某邻域内有定义,当自变量 x 在 x_0 有改变量 Δx 时,函数 y 有相应的改变量 $\Delta y=f(x_0+\Delta x)-f(x_0)$,若极限

$$\lim_{\Delta x\to 0}\frac{\Delta y}{\Delta x}=\lim_{\Delta x\to 0}\frac{f(x_0+\Delta x)-f(x_0)}{\Delta x}$$

存在,则称函数 $y=f(x)$**在点** x_0 **可导**,并称此极限值为函数 $y=f(x)$**在点** x_0 **的导数**,记为

$$f'(x_0),\quad y'\big|_{x=x_0},\quad \left.\frac{\mathrm{d}y}{\mathrm{d}x}\right|_{x=x_0},\quad \left.\frac{\mathrm{d}f}{\mathrm{d}x}\right|_{x=x_0}.$$

若上述极限不存在,则称函数 $y=f(x)$**在** x_0 **不可导**.

按照上述定义,应有

$$f'(x_0)=\lim_{\Delta x\to 0}\frac{f(x_0+\Delta x)-f(x_0)}{\Delta x},\tag{1}$$

它表示一个数值.

若记 $x=x_0+\Delta x$,则(1)式又可记为

$$f'(x_0)=\lim_{x\to x_0}\frac{f(x)-f(x_0)}{x-x_0}.\tag{2}$$

以后求函数在点 x_0 的导数时,可以采用(1)式,也可采用(2)式.

例 1 求函数 $y=f(x)=x$ 在 $x=2$ 的导数.

解 用(1)式.在 $x=2$ 处,当自变量有改变量 Δx 时,相应的函数改变量为

$$\Delta y=f(2+\Delta x)-f(2)=2+\Delta x-2=\Delta x,$$

因此，在 $x=2$ 处函数 $y=x$ 的导数

$$f'(2)=\lim_{\Delta x\to 0}\frac{\Delta y}{\Delta x}=\lim_{\Delta x\to 0}\frac{f(2+\Delta x)-f(2)}{\Delta x}=\lim_{\Delta x\to 0}\frac{\Delta x}{\Delta x}=1.$$

用(2)式时，

$$f'(2)=\lim_{x\to 2}\frac{f(x)-f(2)}{x-2}=\lim_{x\to 2}\frac{x-2}{x-2}=1.$$

2. 单侧导数

因为极限有左极限、右极限之分，而函数 $f(x)$ 在点 x_0 的导数是一个极限，所以导数就有**左导数**与**右导数**.

若用 $f'_-(x_0)$ 和 $f'_+(x_0)$ 分别表示函数 $f(x)$ 在点 x_0 的**左导数**和**右导数**，则应有如下**定义**：

$$f'_-(x_0)=\lim_{\Delta x\to 0^-}\frac{\Delta y}{\Delta x}=\lim_{\Delta x\to 0^-}\frac{f(x_0+\Delta x)-f(x_0)}{\Delta x},\quad \text{或}\quad f'_-(x_0)=\lim_{x\to x_0^-}\frac{f(x)-f(x_0)}{x-x_0};$$

$$f'_+(x_0)=\lim_{\Delta x\to 0^+}\frac{\Delta y}{\Delta x}=\lim_{\Delta x\to 0^+}\frac{f(x_0+\Delta x)-f(x_0)}{\Delta x},\quad \text{或}\quad f'_+(x_0)=\lim_{x\to x_0^+}\frac{f(x)-f(x_0)}{x-x_0}.$$

由函数极限存在的充分必要条件可知，函数 $f(x)$ 在点 x_0 的导数与在该点的左导数与右导数的关系有下述**结论**：

函数 $f(x)$ 在点 x_0 可导且 $f'(x_0)=A$ 的**充分必要条件**是 $f'_-(x_0)$，$f'_+(x_0)$ 皆存在且都等于 A，即

$$f'(x_0)=A\Longleftrightarrow f'_-(x_0)=f'_+(x_0)=A.$$

例 2　讨论函数 $f(x)=|x|$ 在 $x=0$ 处是否可导.

解　由于 $f(0)=0$，根据左导数与右导数的定义

$$f'_-(0)=\lim_{\Delta x\to 0^-}\frac{f(0+\Delta x)-f(0)}{\Delta x}=\lim_{\Delta x\to 0^-}\frac{|\Delta x|}{\Delta x}=\lim_{\Delta x\to 0^-}\frac{-\Delta x}{\Delta x}=-1,$$

$$f'_+(0)=\lim_{\Delta x\to 0^+}\frac{f(0+\Delta x)-f(0)}{\Delta x}=\lim_{\Delta x\to 0^+}\frac{|\Delta x|}{\Delta x}=\lim_{\Delta x\to 0^+}\frac{\Delta x}{\Delta x}=1.$$

因为 $f'_-(x_0)\neq f'_+(x_0)$，所以函数 $f(x)=|x|$ 在 $x=0$ 处不可导.

若函数 $y=f(x)$ 在区间 I 内的每一点都可导，则对于每一个 $x\in I$，都有 $f(x)$ 的一个导数值 $f'(x)$ 与之对应，这样就得到一个定义在 I 内的函数，称为函数 $f(x)$ 的**导函数**，记为

$$f'(x),\quad y',\quad \frac{\mathrm{d}y}{\mathrm{d}x},\quad \frac{\mathrm{d}f}{\mathrm{d}x},$$

即

$$f'(x)=\lim_{\Delta x\to 0}\frac{\Delta y}{\Delta x}=\lim_{\Delta x\to 0}\frac{f(x+\Delta x)-f(x)}{\Delta x}.\tag{3}$$

这时，称函数 $f(x)$ 在**区间 I 内可导**，或称 $f(x)$ 是区间 I 内的**可导函数**. 至于说到 $f(x)$ 在闭区间 $[a,b]$ 上可导，是指：$f(x)$ 在开区间 (a,b) 内可导，并且在区间的左端点 a 右导数 $f'_+(a)$ 存

在，在区间的右端点 b 左导数 $f'_-(b)$ 存在.

由(1)式和(3)式可知，函数 $f(x)$ 在点 x_0 的导数 $f'(x_0)$，正是该函数的导函数 $f'(x)$ 在点 x_0 的值，即

$$f'(x_0) = f'(x)\big|_{x=x_0}.$$

导函数简称为导数. 在求函数的导数时，若没有指明是求在某一点 x_0 的导数，都是指求导函数.

例 3 求函数 $y=x^3$ 的导数 y'，并求 $y'|_{x=2}$.

解 先求导函数

$$y' = \lim_{\Delta x\to 0}\frac{(x+\Delta x)^3 - x^3}{\Delta x} = \lim_{\Delta x\to 0}\frac{3x^2\Delta x + 3x(\Delta x)^2 + (\Delta x)^3}{\Delta x} = 3x^2.$$

将 $x=2$ 带入导函数中求出导数值

$$y'\big|_{x=2} = 3x^2\big|_{x=2} = 12.$$

注意到本例中 $y=x^3$ 的导数 $y'=3x^2$. 若 n 是正整数，用类似的方法可推得

$$(x^n)' = nx^{n-1}.$$

对任意实数 α，还可以得到**幂函数** $y=x^\alpha$ 有**导数公式**(在§2.2 中推导)

$$y' = (x^\alpha)' = \alpha x^{\alpha-1}.$$

特别有

$$\left(\frac{1}{x}\right)' = (x^{-1})' = -x^{-2} = -\frac{1}{x^2},\quad (\sqrt{x})' = (x^{\frac{1}{2}})' = \frac{1}{2}x^{-\frac{1}{2}} = \frac{1}{2\sqrt{x}}.$$

例 4 求常量函数 $y=C$ 的导数.

解 对函数 $y=C$ 在定义域上的任意一点 x，若自变量有改变量 Δx，则相应的函数改变量为 $\Delta y=C-C=0$. 于是

$$\lim_{\Delta x\to 0}\frac{\Delta y}{\Delta x} = \lim_{\Delta x\to 0}\frac{0}{\Delta x} = 0.$$

即有**常量函数的导数公式**

$$(C)' = 0.$$

例 5 设函数 $y=\log_a x$，证明 $y'=\dfrac{1}{x\ln a}$.

证 由导数定义

$$\begin{aligned} y' &= \lim_{\Delta x\to 0}\frac{\Delta y}{\Delta x} = \lim_{\Delta x\to 0}\frac{\log_a(x+\Delta x) - \log_a x}{\Delta x} = \lim_{\Delta x\to 0}\frac{1}{\Delta x}\log_a\frac{x+\Delta x}{x} \\ &= \lim_{\Delta x\to 0}\frac{1}{x}\cdot\frac{x}{\Delta x}\log_a\left(1+\frac{\Delta x}{x}\right) = \frac{1}{x}\lim_{\Delta x\to 0}\log_a\left(1+\frac{\Delta x}{x}\right)^{\frac{x}{\Delta x}} \\ &= \frac{1}{x}\log_a \mathrm{e} = \frac{1}{x\ln a}. \end{aligned}$$

特别地，当 $a=\mathrm{e}$ 时，有**导数公式**

$$(\ln x)' = \frac{1}{x}.$$

例 6 设函数 $y=\sin x$，证明 $y'=\cos x$.

证 设自变量在 x 处有改变量 Δx，则

$$\Delta y = \sin(x+\Delta x) - \sin x = 2\sin\frac{\Delta x}{2}\cdot\cos\frac{2x+\Delta x}{2}$$

$$= 2\sin\frac{\Delta x}{2}\cdot\cos\left(x+\frac{\Delta x}{2}\right).$$

于是，由导数定义

$$y' = \lim_{\Delta x\to 0}\frac{\Delta y}{\Delta x} = \lim_{\Delta x\to 0}\frac{\sin\frac{\Delta x}{2}}{\frac{\Delta x}{2}}\cos\left(x+\frac{\Delta x}{2}\right)$$

$$= \lim_{\Delta x\to 0}\frac{\sin\frac{\Delta x}{2}}{\frac{\Delta x}{2}}\cdot\lim_{\Delta x\to 0}\cos\left(x+\frac{\Delta x}{2}\right)$$

$$= 1\cdot\cos x = \cos x.$$

在上述求极限时，用了第一个重要极限和余弦函数的连续性.

用同样方法可求得

$$(\cos x)' = -\sin x.$$

3. 导数的几何意义

函数 $f(x)$ 在点 x_0 的导数 $f'(x_0)$ 在几何上表示曲线 $y=f(x)$ 在点 $(x_0, f(x_0))$ 处的**切线斜率**.

正因为如此，所以过曲线 $y=f(x)$ 上点 $(x_0, f(x_0))$ 的**切线方程**为

$$y - f(x_0) = f'(x_0)(x-x_0).$$

特别地，当 $f'(x_0)=0$ 时，**切线方程**为 $y=f(x_0)$.

例 7 求曲线 $y=x^3$ 在点(1,1)的切线方程.

解 由于 $y'=(x^3)'=3x^2$，$y'|_{x=1}=3x^2|_{x=1}=3$，所以所求切线方程为

$$y-1=3(x-1) \quad 或 \quad 3x-y-2=0.$$

三、可导与连续的关系

若函数 $f(x)$ 在点 $x=x_0$ 处可导，即

$$f'(x_0) = \lim_{\Delta x\to 0}\frac{\Delta y}{\Delta x} = \lim_{\Delta x\to 0}\frac{f(x_0+\Delta x)-f(x_0)}{\Delta x},$$

因为 $f'(x_0)$ 是一个常数，所以

$$\lim_{\Delta x\to 0}\Delta y=\lim_{\Delta x\to 0}\frac{\Delta y}{\Delta x}\cdot\Delta x=\lim_{\Delta x\to 0}\frac{\Delta y}{\Delta x}\cdot\lim_{\Delta x\to 0}\Delta x=f'(x_0)\cdot 0=0.$$

上式说明函数 $f(x)$ 在点 $x=x_0$ 处连续. 于是有以下**结论**:

若函数 $f(x)$ 在点 $x=x_0$ 处可导,则 $f(x)$ 在点 $x=x_0$ 处**连续**.

需要注意的是,该结论的逆命题不成立,即函数 $f(x)$ 在 $x=x_0$ 处连续时,该函数在 $x=x_0$ 处不一定可导. 例如,函数 $f(x)=|x|$ 在点 $x=0$ 处连续,但不可导. 所以函数在点 x_0 连续是在该点可导的必要条件,而不是充分条件.

习 题 2.1

A 组

1. 用导数定义求下列导数:

(1) 设 $y=2$,求 $y'|_{x=2}$;　(2) 设 $y=x^4$,求 $y'|_{x=2}$;　(3) 设 $y=\sqrt[3]{x}$,求 y'.

2. 用已有的导数公式求下列函数的导数:

(1) $y=x^4$;　(2) $y=\sqrt[4]{x}$;　(3) $y=\frac{1}{x^3}$;　(4) $y=\frac{1}{\sqrt{x}}$;

(5) $y=\log_3 x$;　(6) $y=\log_2 e$.

3. 用已有的导数公式求下列函数在指定点的导数:

(1) 设 $y=\sin x$, 求 $y'|_{x=0}$;　(2) 设 $y=\cos x$, 求 $y'\Big|_{x=\frac{\pi}{4}}$;

(3) 设 $y=\log_2 x$, 求 $y'|_{x=1}$;　(4) 设 $y=\ln 2$, 求 $y'|_{x=2}$;

(5) 设 $y=\frac{1}{\sqrt[3]{x}}$, 求 $y'|_{x=1}$.

4. 求下列曲线在指定点处的切线方程:

(1) $y=\sin x$ 在点 $\left(\frac{\pi}{4},\frac{\sqrt{2}}{2}\right)$ 处;　(2) $y=\ln x$ 在点 $(1,0)$ 处;

(3) $y=\frac{1}{\sqrt{x}}$ 在点 $(1,1)$ 处;　(4) $y=\cos x$ 在点 $\left(\frac{\pi}{2},0\right)$ 处.

B 组

1. 设 $f'(x_0)=A$,求下列极限:

(1) $\lim\limits_{h\to 0}\frac{f(x_0+h)-f(x_0)}{h}$;　(2) $\lim\limits_{\Delta x\to 0}\frac{f(x_0+3\Delta x)-f(x_0)}{\Delta x}$;

(3) $\lim\limits_{\Delta x\to 0}\frac{f(x_0-2\Delta x)-f(x_0)}{\Delta x}$;　(4) $\lim\limits_{\Delta x\to 0}\frac{f(x_0)-f(x_0-3\Delta x)}{\Delta x}$.

2. 判断函数 $y=|2x-1|$ 在点 $x=\frac{1}{2}$ 处是否可导?

§2.2 导数公式与运算法则

【学习本节要达到的目标】

1. 熟记基本初等函数的导数公式.
2. 熟练掌握导数的四则运算法则.
3. 熟练掌握复合函数求导法则.

一、基本初等函数的导数公式

基本初等函数的导数公式是进行导数运算的基础,为了便于掌握,我们全部列出来.

1. $(C)'=0$ (C为任意常数); 2. $(x^{\alpha})'=\alpha x^{\alpha-1}$;

3. $(a^x)'=a^x\ln a$; 4. $(e^x)'=e^x$;

5. $(\log_a x)'=\dfrac{1}{x\ln a}$; 6. $(\ln x)'=\dfrac{1}{x}$;

7. $(\sin x)'=\cos x$; 8. $(\cos x)'=-\sin x$;

9. $(\tan x)'=\sec^2 x$; 10. $(\cot x)'=-\csc^2 x$;

11. $(\sec x)'=\sec x\cdot\tan x$; 12. $(\csc x)'=-\csc x\cdot\cot x$;

13. $(\arcsin x)'=\dfrac{1}{\sqrt{1-x^2}}$; 14. $(\arccos x)'=-\dfrac{1}{\sqrt{1-x^2}}$;

15. $(\arctan x)'=\dfrac{1}{1+x^2}$; 16. $(\text{arccot}\, x)'=-\dfrac{1}{1+x^2}$.

二、导数的运算法则

1. 四则运算法则

定理 1(四则运算的导数法则) 设函数$f(x)$,$g(x)$都是可导函数,则它们的代数和、积、商都可导,且

$$[f(x)\pm g(x)]'=f'(x)\pm g'(x),$$

$$[f(x)\cdot g(x)]'=f'(x)\cdot g(x)+f(x)\cdot g'(x),$$

$$\left[\frac{f(x)}{g(x)}\right]'=\frac{f'(x)\cdot g(x)-f(x)\cdot g'(x)}{[g(x)]^2}\quad (g(x)\neq 0),$$

特别地,当C是常数时,有

$$[Cf(x)]'=Cf'(x),\quad \left[\frac{C}{f(x)}\right]'=-\frac{Cf'(x)}{[f(x)]^2}.$$

对于多个函数乘积的情形,例如,对三个函数的乘积,有导数公式

$$[f(x)\cdot g(x)\cdot h(x)]'=f'(x)\cdot g(x)\cdot h(x)+f(x)\cdot g'(x)\cdot h(x)+f(x)\cdot g(x)\cdot h'(x).$$

例 1 设 $y=x^3+\log_2 x-10^x+\sin\frac{\pi}{6}$,求 y'.

解 由代数和求导法则,可得

$$y'=\left(x^3+\log_2 x-10^x+\sin\frac{\pi}{6}\right)'=(x^3)'+(\log_2 x)'-(10^x)'+\left(\sin\frac{\pi}{6}\right)'$$

$$=3x^2+\frac{1}{x\ln 2}-10^x\ln 10+0=3x^2+\frac{1}{x\ln 2}-10^x\ln 10.$$

这里,请注意,因 $\sin\frac{\pi}{6}$是常数,所以$\left(\sin\frac{\pi}{6}\right)'=0$.

例 2 设 $y=\sqrt[3]{x}\cos x-3^x\log_2 x$,求 y'.

解 由代数和求导法则和积的求导法则,可得

$$y'=(\sqrt[3]{x}\cos x-3^x\log_2 x)'=(\sqrt[3]{x}\cos x)'-(3^x\log_2 x)'$$

$$=(\sqrt[3]{x})'\cos x+\sqrt[3]{x}(\cos x)'-[(3^x)'\log_2 x+3^x(\log_2 x)']$$

$$=\frac{1}{3\sqrt[3]{x^2}}\cos x-\sqrt[3]{x}\sin x-3^x\ln 3\log_2 x-3^x\frac{1}{x\ln 2}.$$

例 3 设 $y=\tan x$,证明:$y'=(\tan x)'=\sec^2 x$.

证 由商的求导法则

$$y'=(\tan x)'=\left(\frac{\sin x}{\cos x}\right)'=\frac{(\sin x)'\cos x-\sin x(\cos x)'}{\cos^2 x}$$

$$=\frac{\cos x\cdot\cos x-\sin x\cdot(-\sin x)}{\cos^2 x}=\frac{1}{\cos^2 x}=\sec^2 x.$$

用商的求导法则同样可以推出:$(\cot x)'=-\frac{1}{\sin^2 x}=-\csc^2 x$,

$$(\sec x)'=\frac{\sin x}{\cos^2 x}=\sec x\cdot\tan x,\quad(\csc x)'=-\frac{\cos x}{\sin^2 x}=-\csc x\cdot\cot x.$$

例 4 设 $f(x)=\frac{x\cdot 2^x}{(1+x)^2}$,求 $f'(x)$和 $f'(0)$.

解 $$f'(x)=\left[\frac{x\cdot 2^x}{(1+x)^2}\right]'=\frac{(x\cdot 2^x)'(1+x)^2-x\cdot 2^x[(1+x)^2]'}{[(1+x)^2]^2}$$

$$=\frac{(2^x+x\cdot 2^x\ln 2)(1+x)^2-x\cdot 2^x\cdot 2(1+x)}{(1+x)^4},$$

$$f'(0)=\frac{(2^0+0\cdot 2^0\ln 2)(1+0)^2-0\cdot 2^0\cdot 2(1+0)}{(1+0)^4}=1.$$

2. 复合函数的导数法则

定理 2(复合函数的导数法则) 设函数 $y=f(u)$,$u=\varphi(x)$都可导,则复合函数 $y=f(\varphi(x))$可导,且

$$\frac{\mathrm{d}y}{\mathrm{d}x}=\frac{\mathrm{d}y}{\mathrm{d}u}\cdot\frac{\mathrm{d}u}{\mathrm{d}x},$$

或写为
$$[f(\varphi(x))]'=f'(u)\varphi'(x)=f'(\varphi(x))\varphi'(x).$$

上式表示**复合函数的导数等于已知函数对中间变量的导数乘以中间变量对自变量的导数**.

例 5　设 $y=\sin\frac{2}{x}$,求 y'.

解　由于 $y=\sin\frac{2}{x}$是由 $y=\sin u, u=\frac{2}{x}$复合而成的,所以

$$y'=(\sin u)'\left(\frac{2}{x}\right)'=\cos u\cdot\left(-\frac{2}{x^2}\right)=-\frac{2}{x^2}\cos\frac{2}{x}.$$

例 6　设 $y=(3x^2-4x+1)^4$,求 y'.

解　由于 $y=(3x^2-4x+1)^4$ 是由 $y=u^4, u=3x^2-4x+1$ 复合而成的,所以

$$y'=(u^4)'(3x^2-4x+1)'=4u^3\cdot(6x-4)=4(6x-4)(3x^2-4x+1)^3.$$

例 7　设 α 为实数,求幂函数 $y=x^\alpha$ 的导数.

解　$y=x^\alpha$ 可写成指数函数的形式:$y=\mathrm{e}^{\alpha\ln x}$,于是 $y=\mathrm{e}^u, u=\alpha\ln x$,从而

$$\frac{\mathrm{d}y}{\mathrm{d}x}=(\mathrm{e}^u)'(\alpha\ln x)'=\mathrm{e}^u\cdot\alpha\cdot\frac{1}{x}=\alpha\mathrm{e}^{\alpha\ln x}\cdot\frac{1}{x}=\alpha\cdot x^\alpha\cdot\frac{1}{x}=\alpha x^{\alpha-1}.$$

复合函数的导数公式可推广到有限个函数复合的情形.例如,由 $y=f(u), u=\varphi(v), v=\psi(x)$复合成函数 $y=f(\varphi(\psi(x)))$,则

$$\frac{\mathrm{d}y}{\mathrm{d}x}=\frac{\mathrm{d}y}{\mathrm{d}u}\frac{\mathrm{d}u}{\mathrm{d}v}\frac{\mathrm{d}v}{\mathrm{d}x},$$

或
$$y'=f'(u)\varphi'(v)\psi'(x)=f'(\varphi(\psi(x)))\varphi'(\psi(x))\psi'(x).$$

例 8　设 $y=\arcsin\sqrt{x-1}$,求 y'.

解　由于 $y=\arcsin\sqrt{x-1}$是由 $y=\arcsin u, u=\sqrt{v}, v=x-1$ 复合而成的,所以

$$y'=(\arcsin u)'\cdot(\sqrt{v})'\cdot(x-1)'=\frac{1}{\sqrt{1-u^2}}\cdot\frac{1}{2\sqrt{v}}\cdot(1-0)$$

$$=\frac{1}{2\sqrt{(2-x)(x-1)}}.$$

由以上例题可知,对复合函数求导时,首先我们应将复合函数分解,然后按照复合函数的求导公式进行求导.当我们对复合函数的复合过程非常熟练时,可以不用写出复合过程,而直接按照复合函数的复合过程,由外层向内层逐层求导.

例 9　设 $y=\mathrm{e}^{-\sqrt{1-x^2}}$,求 y'.

解　$y'=(\mathrm{e}^{-\sqrt{1-x^2}})'=\mathrm{e}^{-\sqrt{1-x^2}}\cdot(-\sqrt{1-x^2})'$

$$=e^{-\sqrt{1-x^2}}\cdot\left(-\frac{1}{2\sqrt{1-x^2}}\right)(1-x^2)'=\frac{x}{\sqrt{1-x^2}}e^{-\sqrt{1-x^2}}.$$

例 10 设 $y=\ln\left(\frac{\sin x}{1-\cos x}\right)^3$，求 y'.

解 由于 $y=\ln\left(\frac{\sin x}{1-\cos x}\right)^3=3\ln\frac{\sin x}{1-\cos x}=3(\ln\sin x-\ln(1-\cos x))$，所以

$$y'=3\left[\frac{1}{\sin x}\cdot(\sin x)'-\frac{1}{1-\cos x}\cdot(1-\cos x)'\right]$$
$$=3\left[\frac{\cos x}{\sin x}-\frac{0-(-\sin x)}{1-\cos x}\right]=3\cot x-\frac{3\sin x}{1-\cos x}.$$

习　题　2.2

A　组

1. 求下列函数的导数：

(1) $y=2x^3-3\cos x+2^x-\ln 2$；　(2) $y=\frac{x}{3}-\frac{2}{x}+2\sqrt[3]{x}-\sin\frac{\pi}{2}$；

(3) $y=\frac{ax+b}{a-b}$；　(4) $y=\arctan x+\operatorname{arccot} x$；

(5) $y=\left(2x-\frac{1}{\sqrt{x}}\right)\left(x^2+\frac{1}{x^2}\right)$；　(6) $y=(2x-1)\ln x$；

(7) $y=(x^{\sqrt{2}}+\sqrt{3})\cos x$；　(8) $y=e^x(\cos x-\sin x)$；

(9) $y=(x-\tan x)\sin x$；　(10) $y=\frac{\ln x}{x}$；

(11) $y=\frac{\sqrt{x}-2}{\sqrt{x}+2}$；　(12) $y=\frac{\cos x}{1-\sin x}$；

(13) $y=\frac{1+x^2}{\arctan x}$；　(14) $y=\frac{\cos x+x\sin x}{\sin x-x\cos x}$；

(15) $y=2^x\log_2 x-\frac{\sin x}{x}$；　(16) $y=\frac{\sqrt{x}+1}{1-\sqrt{x}}\sin x$.

2. 求下列函数在指定点处的导数：

(1) 设 $y=(x^3+1)e^x$，求 $y'|_{x=0}$；　(2) 设 $y=\frac{x-1}{3^x}$，求 $y'|_{x=1}$.

3. 求下列函数的导数：

(1) $y=\cos\sqrt{x}$；　(2) $y=\ln(a-x)$；　(3) $y=e^{-x^3}$；

(4) $y=\cos(2-3x)$；　(5) $y=\ln\sin x$；　(6) $y=\operatorname{arccot}\sqrt{x}$.

4. 求下列函数在指定点处的导数：

(1) 设 $f(x)=\sin^2 x$，求 $f'\left(\frac{\pi}{4}\right)$； (2) 设 $f(x)=\arctan\frac{1}{\sqrt{x}}$，求 $f'(1)$.

5. 求曲线 $y=\sqrt{x}\ln\sqrt{x}$ 在点(1,0)处的切线方程.

B 组

1. 求下列函数的导数：

(1) $y=\cos^3 2x$； (2) $y=\ln\sin x^2$； (3) $y=\sqrt[3]{2-e^{2x}}$；

(4) $y=\ln(\sqrt{x^2+2}-x)$； (5) $y=\ln\sqrt{\frac{1-\tan x}{1+\tan x}}$； (6) $y=\arctan\sqrt{\frac{1+\cos x}{1-\cos x}}$.

2. 在曲线 $y=2x^3-2x+1$ 上找一点，使得过该点的切线与直线 $y=4x$ 平行.

3. 设 $f(x)$ 是可导函数，求下列函数的导数：

(1) $y=f(\ln x)$； (2) $y=f(x^2-\sin x)$； (3) $y=f(e^{\cos x})e^{f(x)}$.

4. 证明：可导的偶函数的导数是奇函数.

§2.3 隐函数的导数

【学习本节要达到的目标】

1. 掌握隐函数求导的方法.
2. 会用对数求导法求导数.

一、隐函数的导数

若因变量 y 用自变量 x 的数学式直接表出，即等号一端只有 y，而另一端是 x 的解析表示式，这样的函数称为**显函数**. 例如 $y=\ln(\sin x)$，$y=\frac{x}{1+x^2}$ 都是显函数.

而在一些方程中，如 $x^2-y^3+2=0$，$ye^x-\sin(x-y)+1=0$ 中，当变量 x 确定后，变量 y 有确定的值与之对应，因此变量 x,y 之间也形成函数关系. 像这种由方程 $F(x,y)=0$ 所确定的 y 关于 x 的函数我们称为**隐函数**.

例 1 求由方程 $y^2+3y-2x^2+x-\ln 3=0$ 所确定的隐函数 $y=f(x)$ 的导数 y'_x.

解 按题设，所给方程确定 y 关于 x 的函数，x 是自变量，$y=f(x)$，y^2 就相当于 $[f(x)]^2$，从而是 x 的复合函数，对它求导时必须用复合函数的求导法则.

将方程两边同时对自变量 x 求导

$$(y^2+3y-2x^2+x-\ln 3)'_x=(0)'_x,$$

得

$$2y\cdot y'+3y'-4x+1-0=0.$$

解出 y'，得 y 对 x 的导数
$$y'=\frac{4x-1}{2y+3}.$$

例 2 求由方程 $x^3+\mathrm{e}^x-xy^2+\cos y=0$ 所确定的隐函数 $y=f(x)$ 的导数 y'_x.

解 将方程两边同时对自变量 x 求导，注意到方程中的 $\cos y$ 是 y 的函数，从而 $\cos y$ 是 x 的复合函数. 于是
$$(x^3+\mathrm{e}^x-xy^2+\cos y)'_x=(0)'_x,$$
得
$$3x^2+\mathrm{e}^x-(1\cdot y^2+x\cdot 2y\cdot y')+(-\sin y)\cdot y'=0.$$
解出 y'，得
$$y'=\frac{3x^2+\mathrm{e}^x-y^2}{2xy+\sin y}.$$

例 3 求由方程 $\ln y=xy-\sin x+1$ 所确定的隐函数 $y=f(x)$ 的导数 y'_x 及 $y'|_{x=0}$.

解 将方程两边同时对自变量 x 求导，注意方程中的 $\ln y$ 是 x 的复合函数. 于是
$$(\ln y)'_x=(xy-\sin x+1)'_x,$$
即
$$\frac{1}{y}\cdot y'=1\cdot y+x\cdot y'-\cos x+0.$$
解出 y'，得
$$y'=\frac{y-\cos x}{\frac{1}{y}-x}=\frac{y^2-y\cos x}{1-xy}.$$

将 $x=0$ 代入已知方程中，得 $y=\mathrm{e}$. 再将 $x=0,y=\mathrm{e}$ 代入 y' 的表达式中，得
$$y'|_{x=0}=\frac{\mathrm{e}^2-\mathrm{e}\cos 0}{1-0\cdot\mathrm{e}}=\mathrm{e}^2-\mathrm{e}.$$

从上述例题中可以看到，对由方程 $F(x,y)=0$ 所确定的隐函数求导时，只要我们时刻牢记该方程中存在着 $y=f(x)$ 这样的函数关系，所以遇到 y 时就相当于 $f(x)$，对 y 的函数，均理解为 x 的复合函数，要用到复合函数的求导法则.

例 4 求下列函数的导数：

(1) $y=\arcsin x$；　　(2) $y=a^x$.

解 (1) 由于 $y=\arcsin x\,(x\in(-1,1))$ 是正弦函数 $x=\sin y\,(y\in(-\pi/2,\pi/2))$ 的反函数，将 $x=\sin y$ 理解为是自变量 x 的隐函数，两端对 x 求导，得
$$1=\cos y\cdot y',$$
于是
$$y'=(\arcsin x)'=\frac{1}{\cos y}=\frac{1}{\sqrt{1-\sin^2 y}}=\frac{1}{\sqrt{1-x^2}}.$$
这里根号前取正号是因为 $y\in(-\pi/2,\pi/2)$ 时，$\cos y>0$.

用隐函数的求导思路，同样可以推出
$$(\arccos x)'=-\frac{1}{\sqrt{1-x^2}},\quad (\arctan x)'=\frac{1}{1+x^2},\quad (\operatorname{arccot} x)'=-\frac{1}{1+x^2}.$$

(2) 由于 $y=a^x\,(x\in(-\infty,+\infty))$ 是对数函数 $x=\log_a y\,(y\in(0,+\infty))$ 的反函数，按隐函数求导思路，将 $x=\log_a y$ 两端对 x 求导，得

$$1=\frac{1}{y\ln a}\cdot y',$$

于是
$$y'=(a^x)'=y\ln a=a^x\ln a.$$

特别地，有
$$(\mathrm{e}^x)'=\mathrm{e}^x\ln\mathrm{e}=\mathrm{e}^x.$$

至此，我们得到了**全部基本初等函数的导数公式**.

二、对数求导法

对 $y=x^x$，$y=(3+2x)^{\sin x}$ 这样的幂指函数求导时，受隐函数求导法的启示，这里我们介绍**对数求导法**. 所谓对数求导法，即先对显函数式 $y=f(x)$ 两边取对数，将显函数转化为隐函数 $\ln y=\ln f(x)$，然后利用隐函数求导的方法求出函数 $y=f(x)$ 的导数 y'_x.

例 5 求函数 $y=x^x$ 的导数.

解 将函数两边取对数，得

$$\ln y=\ln x^x=x\ln x.$$

上式是隐函数的形式，运用隐函数求导的方法来求导. 等式两边同时对 x 求导，即得

$$\frac{1}{y}\cdot y'=\ln x+1,$$

于是
$$y'=y(\ln x+1)=x^x(\ln x+1).$$

当然，该题还可以将幂指函数化为指数函数来求解. 由于 $y=x^x=\mathrm{e}^{\ln x^x}=\mathrm{e}^{x\ln x}$，所以

$$y'=(x^x)'=(\mathrm{e}^{x\ln x})'=\mathrm{e}^{x\ln x}\cdot(x\ln x)'=\mathrm{e}^{x\ln x}(\ln x+1)=x^x(\ln x+1).$$

除了上述幂指函数可以利用对数求导法外，对所给函数可看做是幂的连乘积或较繁的乘除式子求导时，也可利用对数求导法简化求导过程.

例 6 求函数 $y=\dfrac{(2x-3)^6\sqrt[3]{x-5}}{x^2\sin(1-x)}$ 的导数.

解 将已知函数式两边取对数，得

$$\ln y=6\ln(2x-3)+\frac{1}{3}\ln(x-5)-2\ln x-\ln\sin(1-x),$$

等式两边同时对 x 求导，即得

$$\frac{1}{y}\cdot y'=6\cdot\frac{1}{2x-3}\cdot 2+\frac{1}{3}\cdot\frac{1}{x-5}-2\cdot\frac{1}{x}-\frac{1}{\sin(1-x)}\cdot\cos(1-x)\cdot(-1),$$

所以
$$\begin{aligned}y'&=y\left(\frac{12}{2x-3}+\frac{1}{3(x-5)}-\frac{2}{x}+\cot(1-x)\right)\\&=\frac{(2x-3)^6\sqrt[3]{x-5}}{x^2\sin(1-x)}\left(\frac{12}{2x-3}+\frac{1}{3(x-5)}-\frac{2}{x}+\cot(1-x)\right).\end{aligned}$$

习 题 2.3

A 组

1. 求由下列方程确定的隐函数的导数 y'_x：

(1) $b^2x^2+a^2y^2-a^2b^2=0$； (2) $2x^2+xy^2-2y=4x$；

(3) $x-y+2=2xe^y$； (4) $\dfrac{x^2}{y}-\sin(x+y)=2x$；

(5) $x^2\sin(x+y)=\ln xy$； (6) $\arctan\dfrac{y}{x}=\ln\sqrt{y^2-x}$.

2. 已知 $y\sin x-\cos(x-y)=x$，求 $y'\Big|_{\substack{x=0\\y=\pi/2}}$.

3. 求由 $y^2-e^x-xe^y-2x=0$ 所确定的隐函数在点(0,1)处的切线方程.

4. 用对数求导法求下列函数的导数：

(1) $y=(\sin x)^x$； (2) $y=(1+x)^{\frac{1}{x}}$；

(3) $y=\dfrac{(x-2)^3\sqrt[5]{1-x}}{e^x\sin x}$； (4) $y=\sqrt[3]{\dfrac{2-3x}{x^4\arctan 2x}}$.

B 组

1. 对由方程 $\ln y=xy+\cos x$ 确定的函数 $y=f(x)$，求 $f'(0)$.

2. 设 $f(x)$，$g(x)$都可导且 $f(x)>0$，求 $y=f(x)^{g(x)}$ 的导数.

§2.4 高 阶 导 数

【学习本节要达到的目标】

1. 理解高阶导数概念，熟练掌握函数二阶求导.

2. 会求简单函数的 n 阶导数.

一般情况下，函数 $y=f(x)$的导数 $y'=f'(x)$仍是 x 的函数，若导数 $f'(x)$还可以对 x 求导，则称 $f'(x)$的导数$[f'(x)]'$为函数 $y=f(x)$的**二阶导数**，记为

$$y'',\quad f''(x),\quad \frac{d^2y}{dx^2},\quad \frac{d^2f}{dx^2}.$$

此时，也称函数 $f(x)$**二阶可导.**

类似地，函数 $y=f(x)$的二阶导数 $f''(x)$的导数$[f''(x)]'$称为函数 $y=f(x)$的**三阶导数**，记为

$$y''', \quad f'''(x), \quad \frac{d^3 y}{dx^3}, \quad \frac{d^3 f}{dx^3}.$$

函数 $y=f(x)$ 的三阶导数 $f'''(x)$ 的导数称为该函数的**四阶导数**,…….一般,函数 $y=f(x)$ 的 $n-1$ 阶导数的导数称为该函数的 n **阶导数**,记为

$$y^{(n)}, \quad f^{(n)}(x), \quad \frac{d^n y}{dx^n}, \quad \frac{d^n f}{dx^n}.$$

二阶及二阶以上的导数统称为**高阶导数**.对应的,函数 $y=f(x)$ 的导数 $y'=f'(x)$ 称为**一阶导数**.

例 1 设 $y=\ln(2-2x)$,求 y''.

解 先求一阶导数

$$y'=[\ln(2-2x)]'=\frac{1}{2-2x}\cdot(2-2x)'=\frac{-2}{2-2x}=\frac{1}{x-1};$$

再求二阶导数,得
$$y''=(y')'=\left(\frac{1}{x-1}\right)'=-\frac{1}{(x-1)^2}.$$

例 2 设 $y^{(6)}=x^2\sin x$,求 $y^{(8)}$.

解 $y^{(7)}=(y^{(6)})'=(x^2\sin x)'=2x\sin x+x^2\cos x$;

$$\begin{aligned}y^{(8)}&=(y^{(7)})'=(2x\sin x+x^2\cos x)'=2\sin x+2x\cos x+2x\cos x+x^2(-\sin x)\\&=2\sin x+4x\cos x-x^2\sin x.\end{aligned}$$

例 3 求下列函数的 n 阶导数:

(1) $y=\sin x$; (2) $y=x^n$.

解 (1) $y'=(\sin x)'=\cos x=\sin\left(x+\frac{\pi}{2}\right)$,

$$y''=\left[\sin\left(x+\frac{\pi}{2}\right)\right]'=\cos\left(x+\frac{\pi}{2}\right)\left(x+\frac{\pi}{2}\right)'=\cos\left(x+\frac{\pi}{2}\right)=\sin\left(x+\frac{2\pi}{2}\right),$$

$$\begin{aligned}y'''&=\left[\sin\left(x+\frac{2\pi}{2}\right)\right]'=\cos\left(x+\frac{2\pi}{2}\right)\left(x+\frac{2\pi}{2}\right)'\\&=\cos\left(x+\frac{2\pi}{2}\right)=\sin\left(x+\frac{3\pi}{2}\right).\end{aligned}$$

依此类推,所以

$$y^{(n)}=\sin\left(x+\frac{n\pi}{2}\right).$$

(2)
$$\begin{aligned}y'&=(x^n)'=nx^{n-1},\\y''&=(nx^{n-1})'=n(n-1)x^{n-2},\\y'''&=[n(n-1)x^{n-2}]'=n(n-1)(n-2)x^{n-3},\end{aligned}$$

从而
$$y^{(n)}=n(n-1)\cdot\cdots\cdot 1=n!.$$

习 题 2.4

A 组

1. 求下列函数的二阶导数：

(1) $y=e^x-\ln x$； (2) $y=2^x\cos x$； (3) $y=x^2e^{-2x}$；

(4) $y=\ln(\sqrt{x^2+1}-x)$； (5) $y=\dfrac{x+1}{(x-1)^2}$.

2. 求下列函数的 n 阶导数：

(1) $y=e^{2x}$； (2) $y=\ln(2x-1)$.

B 组

1. 设 $y=f(x)$二阶可导，求 $f'(e^x)$，$f'(\ln x)$的导数.

2. 设 $f(x)=x(x-1)(x-2)\cdots(x-99)$，求 $f^{(100)}(x)$.

§2.5 函数的微分

【学习本节要达到的目标】

1. 了解微分定义.
2. 会求函数的微分.

一、微分概念

对函数 $y=f(x)$，当自变量在点 x 有改变量 Δx 时，因变量相应的改变量是

$$\Delta y = f(x+\Delta x)-f(x).$$

在实际问题中，有时要计算当$|\Delta x|$微小时 Δy 的值. 一般而言，用上式计算 Δy 往往较繁. 下面引进微分概念，便可用点 x 的导数近似计算 Δy.

若函数 $y=f(x)$在点 x 可导，即

$$\lim_{\Delta x\to 0}\frac{\Delta y}{\Delta x}=\lim_{\Delta x\to 0}\frac{f(x+\Delta x)-f(x)}{\Delta x}=f'(x).$$

由函数的极限与无穷小的关系，有

$$\frac{\Delta y}{\Delta x}=f'(x)+\alpha, \quad \text{或} \quad \Delta y=f'(x)\cdot\Delta x+\alpha\cdot\Delta x,$$

其中，当 $\Delta x\to 0$ 时，$\alpha\to 0$. 于是 $\alpha\cdot\Delta x$ 是比 Δx 较高阶的无穷小.

这样，当$|\Delta x|$微小时，我们就可用 $f'(x)\cdot\Delta x$ 近似代替 Δy，称 $f'(x)\Delta x$ 为函数 $y=f(x)$在点 x 的**微分**.

定义 设函数 $y=f(x)$ 在点 x 可导，自变量在点 x 的改变量为 Δx，则将乘积 $f'(x)\Delta x$ 称为函数 $y=f(x)$ 在点 x 的**微分**，记为 $\mathrm{d}y$，即

$$\mathrm{d}y=f'(x)\Delta x.$$

这时，也称函数 $y=f(x)$ 在点 x **可微**.

对函数 $y=x$，由于 $y'=(x)'=1$，因而

$$\mathrm{d}y=\mathrm{d}x=1\cdot\Delta x=\Delta x,$$

即自变量的改变量 Δx 等于其微分 $\mathrm{d}x$. 于是，函数 $y=f(x)$ 的微分，一般记为

$$\mathrm{d}y=f'(x)\mathrm{d}x,$$

即函数在点 x 的微分等于函数在点 x 的导数与自变量微分的乘积.

微分式可改写为

$$f'(x)=\frac{\mathrm{d}y}{\mathrm{d}x}.$$

可见，函数的导数等于函数的微分与自变量的微分之商，因此导数又称为**微商**. 在此之前，必须把 $\frac{\mathrm{d}y}{\mathrm{d}x}$ 看做是导数的整体记号，现在就可以看做是分式了.

由上述定义可知，函数 $y=f(x)$ **可微的充分必要条件是函数 $y=f(x)$ 可导**.

若函数 $y=f(x)$ 在区间 I 上的每一点都可微，则称 $f(x)$ 为区间 I 上的**可微函数**. 若 $x_0\in I$，则函数 $y=f(x)$ 在点 x_0 的微分记为 $\mathrm{d}y\Big|_{x=x_0}$，即

$$\mathrm{d}y\Big|_{x=x_0}=f'(x_0)\mathrm{d}x.$$

由以上讨论我们看到，若函数 $y=f(x)$ 在点 x_0 可导，为近似计算函数在该点的改变量 Δy，用微分 $f'(x_0)\Delta x$（它是 Δx 的线性函数）近似代替，容易计算，而且所产生的误差仅是 Δx 的高阶无穷小 $o(\Delta x)$. 在实用上，当 $|\Delta x|$ 很小时，近似程度就很好.

例 1 若 $y=f(x)=x^2$，求 $x=1,\Delta x=0.01$ 时函数的改变量 Δy 与微分 $\mathrm{d}y$.

解 由上述条件，$x=1,\Delta x=0.01$，因此

$$\Delta y=f(1+\Delta x)-f(1)=(1+0.01)^2-1^2=0.0201.$$

当 $x=1,\Delta x=0.01$ 时，$f'(1)=(x^2)'|_{x=1}=2x|_{x=1}=2$，于是

$$\mathrm{d}y=f'(1)\cdot\Delta x=2\cdot 0.01=0.02.$$

由此例可知，$\Delta y\approx \mathrm{d}y$.

二、微分计算

按照微分的定义，若函数 $y=f(x)$ 的导数 $f'(x)$ 已求出，则只需要将其乘以自变量的微分 $\mathrm{d}x$ 即为该函数的微分：

例 2 求下列函数的微分：

(1) $y=3x^2-\cos x$； (2) $y=\sqrt{x}\tan x$； (3) $y=\ln\sin\sqrt{x}$.

解 (1) 由于 $y'=(3x^2-\cos x)'=6x+\sin x$,所以

$$dy=y'dx=(6x+\sin x)dx.$$

(2) 由于 $y'=(\sqrt{x}\tan x)'=\frac{1}{2\sqrt{x}}\cdot\tan x+\sqrt{x}\cdot\sec^2 x$,所以

$$dy=y'dx=\left(\frac{\tan x}{2\sqrt{x}}+\sqrt{x}\sec^2 x\right)dx.$$

(3) 由于 $y'=(\ln\sin\sqrt{x})'=\frac{1}{\sin\sqrt{x}}\cdot\cos\sqrt{x}\cdot\frac{1}{2\sqrt{x}}=\frac{\cot\sqrt{x}}{2\sqrt{x}}$,所以

$$dy=y'dx=\frac{\cot\sqrt{x}}{2\sqrt{x}}dx.$$

习 题 2.5

A 组

1. 设 $y=x^2+x$,求在 $x=1$ 时,当 $\Delta x=0.1,\Delta x=0.01$ 时的函数改变量 Δy 与微分 dy.

2. 求下列函数的微分:

(1) $y=2^x-3x^2+\sin\frac{\pi}{4}$; (2) $y=\sqrt[3]{x}\cos x$; (3) $y=\frac{\cos x}{2-x^2}$;

(4) $y=e^{-2x}\sin x^2$; (5) $y=(e^{-3x}-e^{2x})^2$; (6) $y=\arcsin\sqrt{e^{-x}}$.

3. 选取适当的函数填入括号,使下列等式成立:

(1) $d(\quad)=adx$; (2) $d(\quad)=xdx$; (3) $d(\quad)=\frac{1}{\sqrt{x}}dx$;

(4) $d(\quad)=\frac{1}{x}dx$; (5) $d(\quad)=\frac{1}{\sqrt{1-x^2}}dx$; (6) $d(\quad)=\frac{1}{1+x}dx$;

(7) $d(\quad)=\cos 2x dx$; (8) $d(\quad)=\sin ax dx$.

B 组

1. 求由下列方程确定的隐函数的微分:

(1) $y^3-2x^2=xy$; (2) $\cos(x-y)=xy$.

2. 设 $y=x^{\sin x}$,求 dy.

总习题二

1. 填空题:

(1) 设函数 $f(x)$在 $x=0$ 处可导,且 $f(0)=0$,则 $\lim\limits_{x\to 0}\frac{f(x)}{x}=$________;

(2) 曲线 $y=\frac{1}{x^2}$在点$\left(2,\frac{1}{4}\right)$处的切线斜率为________;

(3) 设函数 $y=(1+x^2)\arctan x$,则 $y''|_{x=1}=$________;

(4) 设函数 $y=\frac{x}{1-x^2}$,则 $\mathrm{d}y=$________.

2. 单项选择题:

(1) 函数 $f(x)$在点 x_0 连续是在该点可导的( ).

(A) 必要条件,但非充分条件 (B) 充分条件,但非必要条件

(C) 充分必要条件 (D) 无关条件

(2) 设 $y=\ln|x|$,则 $y'=$( ).

(A) $-\frac{1}{x}$ (B) $\frac{1}{x}$ (C) $\frac{1}{|x|}$ (D) $-\frac{1}{|x|}$

(3) 函数 $f(x)$在点 x_0 可导是函数 $f(x)$在该点可微分的( ).

(A) 必要条件,但非充分条件 (B) 充分条件,但非必要条件

(C) 充分必要条件 (D) 无关条件

(4) 设 $y=f(\mathrm{e}^x)$,且函数 $f(x)$可导,则 $\mathrm{d}y=$( ).

(A) $f'(\mathrm{e}^x)\mathrm{d}x$ (B) $f'(\mathrm{e}^x)\mathrm{e}^x\mathrm{d}x$ (C) $f'(\mathrm{e}^x)\mathrm{d}\mathrm{e}^x$ (D) $[f(\mathrm{e}^x)]'\mathrm{d}\mathrm{e}^x$

3. 求下列函数的导数:

(1) $y=4x^3-\log_3 x-\cos x+\frac{1}{x}$; (2) $y=x^2\arctan x-\ln x$;

(3) $y=\frac{\cos x}{x^2-2}$; (4) $y=\ln(\mathrm{e}^{-x}+\sqrt{1+\mathrm{e}^{-2x}})$.

4. 设 $y=\sqrt{\cos\frac{x}{2}}$,求 $f'(x)$,$f'\left(\frac{\pi}{2}\right)$.

5. 设函数 $f(x)$可导,且 $y=x^2f(x)-[xf(\sqrt{x})]^2$,求 y'.

6. 求曲线 $y=\frac{x^2-3x+6}{x^2}$在横坐标 $x=3$ 处的切线方程.

7. 对由方程 $\mathrm{e}^{xy}=x+y$ 确定的函数 $y=f(x)$,求 y'_x.

8. 求函数 $y=x\mathrm{e}^x$ 的 n 阶导数.

9. 求下列函数的微分:

(1) $y=(\sin x)^{2x}$; (2) $y=(1-3x)\mathrm{e}^{x^2}\cos x$.

第三章 导数的应用

本章先介绍微分中值定理.作为导数的应用,将讨论:未定式求极限的方法;函数的单调性,极值及曲线的凹向与拐点;最大值最小值问题及其在几何和经济领域中的应用.

§3.1 洛必达法则

【学习本节要达到的目标】

1. 知道罗尔定理和拉格朗日中值定理.
2. 会用洛必达法则求未定式的极限.

一、微分中值定理

1. 罗尔定理

定理 1(罗尔定理) 若函数 $f(x)$满足

(1) 在闭区间$[a,b]$上连续;

(2) 在开区间(a,b)内可导;

(3) 在区间两个端点的函数值相等,即 $f(a)=f(b)$,

则在区间(a,b)内**至少存在一点** ξ,使得

$$f'(\xi)=0.$$

由图 3-1 可知**罗尔定理的几何意义**:在两端高度相同的一段连续曲线弧$\overset{\frown}{AB}$上,若除端点外,它在每一点都可作不垂直于 x 轴的切线,则在该曲线弧上至少存在一点 $C(\xi,f(\xi))$,使得在 C 点的切线平行于 x 轴。

说明 定理中的条件是充分的,但非必要的.

2. 拉格朗日中值定理

定理 2(拉格朗日中值定理) 若函数 $f(x)$满足

(1) 在闭区间$[a,b]$上连续;

(2) 在开区间(a,b)内可导,

则在开区间(a,b)内**至少存在一点** ξ,使得

$$f'(\xi)=\frac{f(b)-f(a)}{b-a}.$$

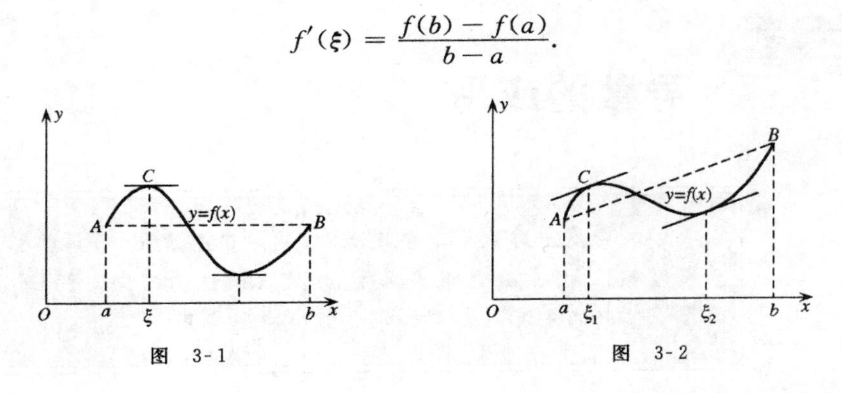

图 3-1　　图 3-2

由图 3-2 可知，$\dfrac{f(b)-f(a)}{b-a}$是曲线弧$\overset{\frown}{AB}$的两个端点所连结弦的斜率，由此有

拉格朗日中值定理的几何意义：在一段连续曲线弧 $\overset{\frown}{AB}$ 上，若除端点外，它在每一点都可作不垂直于 x 轴的切线，则在该曲线弧上至少存在一点 $C(\xi,f(\xi))$，使得在 C 点的切线平行于该曲线弧的两端点 $A(a,f(a))$和 $B(b,f(b))$所连结的弦.

显然，罗尔定理是拉格朗日中值定理的特例.

由拉格朗日值定理可推得如下**两个重要结论**：

(1) 若函数 $f(x)$在区间 I 内任意一点的导数 $f'(x)$恒等于 0，则函数 $f(x)$在 I 内是一个常数.

(2) 若函数 $f(x)$与 $g(x)$在区间 I 内每一点的导数 $f'(x)$与 $g'(x)$相等，则这两个函数在区间 I 内至多相差一个常数，即 $f(x)-g(x)=C$.

微分中值定理在微分学理论及应用上起着非常重要的作用. 由于本教材不深入地讨论相关内容，所以读者只要知道罗尔定理和拉格朗日中值定理的条件和结论即可.

二、洛必达法则

1. $\frac{0}{0}$型与$\frac{\infty}{\infty}$型未定式

洛必达(L'Hospital)**法则**是求$\frac{0}{0}$型与$\frac{\infty}{\infty}$型未定式的非常有效的方法.

定理 3 (洛必达法则)　若函数 $f(x)$和 $g(x)$满足

(1) $\lim\limits_{x\to x_0}f(x)=0$，$\lim\limits_{x\to x_0}g(x)=0$；

(2) 在点 x_0 的某空心邻域内可导，且 $g'(x)\neq0$；

(3) $\lim\limits_{x\to x_0}\dfrac{f'(x)}{g'(x)}=A$(有限数)或$\infty$，

则

$$\lim_{x\to x_0}\frac{f(x)}{g(x)}=\lim_{x\to x_0}\frac{f'(x)}{g'(x)}=A(\text{或 }\infty).$$

例 1 求 $\lim\limits_{x\to\frac{\pi}{2}}\dfrac{\cos x}{x-\frac{\pi}{2}}$.

解 这是$\frac{0}{0}$型未定式,用洛必达法则

$$\text{原式}=\lim_{x\to\frac{\pi}{2}}\frac{(\cos x)'}{\left(x-\frac{\pi}{2}\right)'}=\lim_{x\to\frac{\pi}{2}}\frac{-\sin x}{1}=-1.$$

例 2 求 $\lim\limits_{x\to 1}\dfrac{\ln x}{(x-1)^2}$.

解 这是$\frac{0}{0}$型未定式,用洛必达法则

$$\text{原式}=\lim_{x\to 1}\frac{(\ln x)'}{[(x-1)^2]'}=\lim_{x\to 1}\frac{\frac{1}{x}}{2(x-1)}=\infty.$$

说明 (1) 定理中的条件(1),若改为

$$\lim_{x\to x_0}f(x)=\infty,\quad \lim_{x\to x_0}g(x)=\infty,$$

则定理仍成立.

(2) 定理中的 $x\to x_0$,若改为 $x\to\infty$,则定理仍成立.

(3) 若 $\lim\dfrac{f'(x)}{g'(x)}$又是 $\dfrac{0}{0}$ 型或 $\dfrac{\infty}{\infty}$ 型未定式,这时,可对 $\lim\dfrac{f'(x)}{g'(x)}$再用一次洛必达法则,即,若 $\lim\dfrac{f'(x)}{g'(x)}=\lim\dfrac{f''(x)}{g''(x)}=A$ 或∞,则 $\lim\dfrac{f(x)}{g(x)}=A$ 或∞. 依此类推.

例 3 求 $\lim\limits_{x\to 0^+}\dfrac{\ln\cot x}{\ln x}$.

解 这是$\frac{\infty}{\infty}$型未定式,用洛必达法则

$$\text{原式}=\lim_{x\to 0^+}\frac{\frac{1}{\cot x}(-\csc^2 x)}{\frac{1}{x}}\xlongequal{\text{化简}}-\lim_{x\to 0^+}\frac{x}{\cos x\cdot\sin x}$$

$$=-\lim_{x\to 0^+}\frac{1}{\cos x}\cdot\lim_{x\to 0^+}\frac{x}{\sin x}=-1\cdot 1=-1.$$

例 4 求 $\lim\limits_{x\to+\infty}\dfrac{\frac{\pi}{2}-\arctan x}{\frac{1}{x}}$.

解 这是$\frac{0}{0}$型未定式,用洛必达法则

$$原式=\lim_{x\to+\infty}\frac{-\frac{1}{1+x^2}}{-\frac{1}{x^2}}=\lim_{x\to+\infty}\frac{x^2}{1+x^2}=1.$$

例 5 求 $\lim\limits_{x\to0}\frac{2^x+2^{-x}-2}{x^2}$.

解 这是$\frac{0}{0}$型未定式,用洛必达法则

$$\begin{aligned}原式&=\lim_{x\to0}\frac{2^x\ln2-2^{-x}\ln2}{2x}\\&\xlongequal{\frac{0}{0}}\lim_{x\to0}\frac{2^x(\ln2)^2+2^{-x}(\ln2)^2}{2}=(\ln2)^2.\end{aligned}$$

例 6 求 $\lim\limits_{x\to0}\frac{x^2\sin\frac{1}{x}}{\sin x}$.

解 这是$\frac{0}{0}$型未定式,用洛必达法则

$$原式=\lim_{x\to0}\frac{2x\sin\frac{1}{x}-\cos\frac{1}{x}}{\cos x}.$$

由于当 $x\to0$ 时,$2x\sin\frac{1}{x}\to0$,而 $\cos\frac{1}{x}$振荡无极限,所以上式右端的分子振荡无极限,从而洛必达法则失效.改用下述方法求极限:

$$\begin{aligned}原式&=\lim_{x\to0}\left(\frac{x}{\sin x}\cdot x\sin\frac{1}{x}\right)=\lim_{x\to0}\frac{x}{\sin x}\cdot\lim_{x\to0}x\sin\frac{1}{x}\\&=1\cdot0=0.\end{aligned}$$

我们要明确,只有$\frac{0}{0}$与$\frac{\infty}{\infty}$型未定式才能用洛必达法则.而每用一次法则之后,要注意化简并分析所得式子:若可求得极限 A 或∞,便得到结论;否则,若所得式子是$\frac{0}{0}$和$\frac{\infty}{\infty}$型未定式,可继续使用洛必达法则,若不是,即 $\lim\frac{f'(x)}{g'(x)}$既不是未定式,又求不出极限 A 或∞,这时,不能断定 $\lim\frac{f(x)}{g(x)}$存在与否,需改用其他方法求极限(如例 6 的情形).

2. $0\cdot\infty$ 型与 $\infty-\infty$ 型未定式

若 $\lim f(x)=0,\lim g(x)=\infty$,则 $\lim f(x)\cdot g(x)$是 $0\cdot\infty$型未定式;若 $\lim f(x)=\infty$,

$\lim g(x)=\infty$,则 $\lim[f(x)-g(x)]$是$\infty-\infty$ 型未定式.对这两种未定式经简单恒等变形可化成分式便是 $\frac{0}{0}$ 或 $\frac{\infty}{\infty}$ 型未定式,然后再用洛必达法则求极限.

例 7 求 $\lim\limits_{x\to+\infty} x^{-2}e^x$.

解 这是$0\cdot\infty$型未定式.

$$原式=\lim_{x\to+\infty}\frac{e^x}{x^2}\overset{\frac{\infty}{\infty}}{=\!=}\lim_{x\to+\infty}\frac{e^x}{2x}\overset{\frac{\infty}{\infty}}{=\!=}\lim_{x\to+\infty}\frac{e^x}{2}=+\infty.$$

例 8 求 $\lim\limits_{x\to0}\left(\frac{1}{\sin x}-\frac{1}{x}\right)$.

解 这是$\infty-\infty$型未定式.

$$原式=\lim_{x\to0}\frac{x-\sin x}{x\cdot\sin x}\overset{\frac{0}{0}}{=\!=}\lim_{x\to0}\frac{1-\cos x}{\sin x+x\cos x}$$

$$\overset{\frac{0}{0}}{=\!=}\lim_{x\to0}\frac{\sin x}{\cos x+\cos x-x\sin x}=\frac{0}{2}=0.$$

习 题 3.1

A 组

1. 求下列极限:

(1) $\lim\limits_{x\to a}\frac{\sin x-\sin a}{x-a}$;　(2) $\lim\limits_{x\to1}\frac{x^3-3x+2}{x^3-x^2-x+1}$;　(3) $\lim\limits_{x\to0}\frac{a^x-b^x}{x}$;

(4) $\lim\limits_{x\to+\infty}\frac{e^x}{x^3}$;　(5) $\lim\limits_{x\to-\infty}\frac{\ln(e^x+1)}{e^x}$;　(6) $\lim\limits_{x\to0^+}\frac{\ln\sin3x}{\ln\sin x}$.

2. 求下列极限:

(1) $\lim\limits_{x\to0^+}\sqrt{x}\ln x$;　(2) $\lim\limits_{x\to1}\left(\frac{x}{x-1}-\frac{1}{\ln x}\right)$.

B 组

1. 设 $\lim\limits_{x\to x_0}\frac{f(x)}{g(x)}$是$\frac{0}{0}$型未定式,则 $\lim\limits_{x\to x_0}\frac{f'(x)}{g'(x)}=A$ 或∞是使用洛必达法则计算 $\lim\limits_{x\to x_0}\frac{f(x)}{g(x)}$的(　　).

(A) 必要条件但非充分条件　(B) 充分条件但非必要条件

(C) 充分必要条件　(D) 无关条件

2. 试说明极限 $\lim\limits_{x\to+\infty}\frac{e^x-e^{-x}}{e^x+e^{-x}}$不能用洛必达法则,并求其极限.

§3.2 函数的单调性

【学习本节要达到的目标】

熟练掌握判定函数单调区间的方法.

我们先复习**函数单调性的定义**.

在函数 $f(x)$有定义的区间 I 上,对于任意两点 x_1 和 x_2,当 $x_1<x_2$ 时,若总有

(1) $f(x_1)<f(x_2)$,则称函数 $f(x)$在 I 上是**单调增加的**;

(2) $f(x_1)>f(x_2)$,则称函数 $f(x)$在 I 上是**单调减少的**.

单调增加的函数和单调减少的函数统称为**单调函数**.若 $f(x)$在区间 I 上是单调函数,则称 I 是该函数的**单调区间**.

若沿着 x 轴的正方向看,单调增加函数的图形是**一条上升的曲线**;单调减少函数的图形是**一条下降的曲线**.

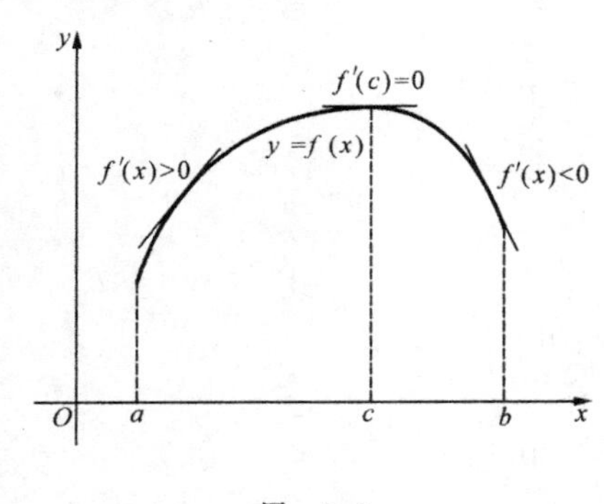

图 3-3

观察图 3-3,曲线 $y=f(x)$在区间(a,c)内是上升的,在该区间内任一点曲线的切线斜率都大于零,即 $f'(x)>0$;曲线在区间(c,b)内是下降的,在该区间内任一点曲线的切线斜率都小于零,即 $f'(x)<0$.由此知,对函数 $f(x)$,可用其导数 $f'(x)$的符号判别它的单调性.

定理(判别单调性的充分条件) 在函数 $f(x)$可导的区间 I 内:

(1) 若 $f'(x)>0$,则函数 $f(x)$**单调增加**;

(2) 若 $f'(x)<0$,则函数 $f(x)$**单调减少**.

在此,我们要指出:在区间 I 内,$f'(x)>0$ (<0)是函数$f(x)$ 在 I 内单调增加(减少)的**充分条件**,而**不是必要条件**.例如,函数 $y=x^3$ 在区间$(-\infty,+\infty)$内是单调增加的,而

$$y'=3x^2\begin{cases}=0, & \text{当 } x=0 \text{ 时},\\ >0, & \text{当 } x\neq 0 \text{ 时}.\end{cases}$$

此例说明,函数 $f(x)$在某区间内单调增加(减少)时,在个别点 x_0 处,可以有 $f'(x_0)=0$.使 $f'(x_0)=0$ 的点 x_0 称为函数 $f(x)$的**驻点**或**稳定点**.对此,我们有**一般性的结论**:

在函数 $f(x)$的可导区间 I 内,若 $f'(x)\geqslant 0$ 或 $f'(x)\leqslant 0$,而等号仅在一些点处成立,则函数 $f(x)$在 I 内**单调增加或单调减少**.

再观察图 3-3,在区间(a,b)内,点 $x=c$ 是使函数 $f(x)$的单调增加转为单调减少的分界点,而有 $f'(c)=0$.还有,我们已经知道,对函数 $f(x)=|x|$而言,在区间$(-\infty,+\infty)$内,点 $x=0$ 是使该函数由单调减少转为单调增加的分界点,而在 $x=0$ 处,该函数不可导(见图

1-1).

由上述定理及以上分析,确定函数 $f(x)$ 的单调区间,其**解题程序**是:

(1) 确定函数的定义域;

(2) 确定增减区间的可能分界点:求导数 $f'(x)$,确定驻点和导数不存在的点,这些点将函数的定义域分成若干个部分区间;

(3) 判别:在各个部分区间内判别 $f'(x)$ 的符号,从而确定 $f(x)$ 在相应区间内的增减性.

例 1 确定函数 $f(x)=2x^3-9x^2+12x-3$ 的单调区间.

解 函数的定义域为 $(-\infty,+\infty)$. 由于

$$f'(x) = 6x^2 - 18x + 12 = 6(x-1)(x-2),$$

令 $f'(x)=0$,得 $x_1=1$,$x_2=2$. $x_1=1$ 和 $x_2=2$ 将定义域 $(-\infty,+\infty)$ 分成三个部分区间,列表[①]分析如下(见表 3-1):

表 3-1

x	$(-\infty,1)$	1	$(1,2)$	2	$(2,+\infty)$
$f'(x)$	+	0	−	0	+
$f(x)$	↗		↘		↗

函数 $f(x)$ 单调增加的区间是 $(-\infty,1)$ 和 $(2,+\infty)$;单调减少的区间是 $(1,2)$.

例 2 讨论函数 $f(x)=\sqrt[3]{x^2}$ 的单调区间.

解 函数的定义域为 $(-\infty,+\infty)$. 由于

$$f'(x) = \frac{2}{3\sqrt[3]{x}},$$

该函数没有驻点,但当 $x=0$ 时,导数 $f'(x)$ 不存在.

$x=0$ 将函数的定义域分成两个部分区间:$(-\infty,0)$ 和 $(0,+\infty)$. 考查导数 $f'(x)$ 在各个部分区间内的符号:

在区间 $(-\infty,0)$ 内,$f'(x)<0$,函数单调减少;在区间 $(0,+\infty)$ 内,$f'(x)>0$,函数单调增加.

习 题 3.2

A 组

1. 设函数 $f(x)$ 在区间 I 内可导,则在 I 内,$f'(x)>0$ 是 $f(x)$ 在该区间内单调增加的

---

① 表中↗表示函数在该区间内单调增加,↘表示函数在该区间内单调减少.

(　　).

(A) 必要条件但非充分条件　　(B) 充分条件但非必要条件

(C) 充分必要条件　　(D) 无关条件

2. 求下列函数的单调区间：

(1) $y=e^{x}-x-1$；　(2) $y=(x-1)(x+1)^{3}$；　(3) $y=2x^{2}-\ln x$.

B　组

1. 求函数 $f(x)=\dfrac{2x-1}{(x-1)^{2}}$ 的单调区间.

2. 讨论函数 $f(x)=2x+\dfrac{1}{x}-\dfrac{x^{3}}{3}$ 的单调性.

§3.3　函数的极值

【学习本节要达到的目标】

1. 理解函数极值的定义.
2. 熟练掌握求函数极值的方法.
3. 会求解几何应用问题的最大值与最小值.

一、函数的极值

1. 极值定义

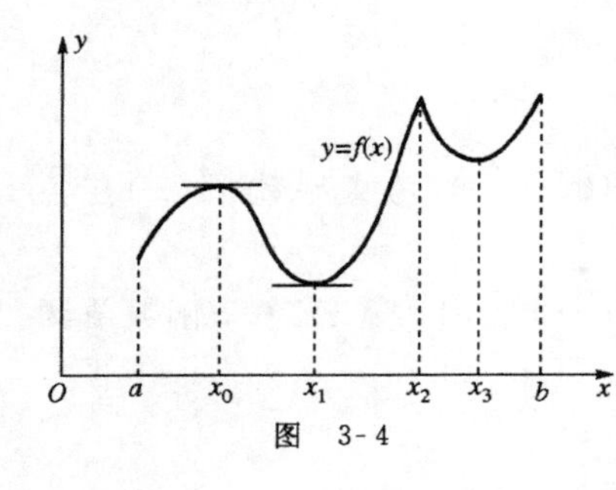

图　3-4

观察图 3-4，由函数 $y=f(x)$ 的图形可知，在点 x_0 邻近，函数值 $f(x_0)$ 最大，这时，称 $f(x_0)$ 是函数 $f(x)$ 的**极大值**；在点 x_1 邻近，函数值 $f(x_1)$ 最小，这时，称 $f(x_1)$ 是函数 $f(x)$ 的**极小值**. 一般如下定义极值.

定义　设函数 $f(x)$ 在 x_0 的某邻域内有定义，若对于其空心邻域内的任一 x，都有

$$f(x)<f(x_0)\quad(\text{或 } f(x)<f(x_0)),$$

则称 $f(x_0)$ 是函数 $f(x)$ 的一个**极大值(或极小值)**；称 x_0 为函数 $f(x)$ 的一个**极大值点(或极小值点)**.

函数的极大值与极小值统称为**函数的极值**. 函数的极大值点与极小值点统称为**函数的极值点**.

由函数极值的定义，可知：

(1) 函数的极大值与极小值是局部性的概念，并不是指函数在其有定义区间 I 上的最大

值与最小值；

(2) 函数的极大值与极小值可能有多个，且极大值不一定比极小值大，极小值也不一定比极大值小；

(3) 若函数 $f(x)$在点 x_0 连续，当 $f'(x_0)$不存在时，x_0 也可能是函数 $f(x)$的极值点. 如，函数 $f(x)=|x|$在 $x=0$ 取得极小值，但它在 x_0不可导.

2. 极值判别法

根据极值定义，再观察图 3-4，函数 $f(x)$在 x_0 处取极大值，在 x_1 处取极小值，若曲线 $y=f(x)$在 x_0 和 x_1 处可作切线，则切线一定平行于 x 轴，即必有 $f'(x_0)=0$，$f'(x_1)=0$. 由此，有如下定理：

定理 1（极值存在的必要条件） 若函数 $f(x)$在点 x_0 可导，且取得极值，则 $f'(x_0)=0$.

定理 1 说明，可导函数的极值点必定是驻点，但是，函数的驻点不一定是极值点. 如 $x=0$ 是函数 $y=x^3$ 的驻点，但不是该函数的极值点.

根据函数极值的定义，利用§3.2 中判别函数 $f(x)$单调性的充分条件的定理，可得到如下判别 $f(x)$的驻点和导数不存在的点（函数在该点要连续）是否为极值点的定理.

定理 2（判别极值的第一充分条件） 设函数 $f(x)$在点 x_0 的某邻域$(x_0-\delta,x_0+\delta)$内连续，在空心邻域内可导.

(1) 若当 $x\in(x_0-\delta,x_0)$时，$f'(x)>0$，当 $x\in(x_0,x_0+\delta)$时，$f'(x)<0$，则函数 $f(x)$在 x_0 取得**极大值**；

(2) 若当 $x\in(x_0-\delta,x_0)$时，$f'(x)<0$，当 $x\in(x_0,x_0+\delta)$时，$f'(x)>0$，则函数 $f(x)$在 x_0 取得**极小值**.

综上所述，求**函数 $f(x)$的极值的程序是**：

(1) 确定函数的连续区间；

(2) 求导数 $f'(x)$，确定 $f(x)$的驻点和导数不存在的点；

(3) 用判别极值的第一充分条件判别驻点和导数不存在的点是否为极值点；

(4) 若有极值点，求出极值点处的函数值，即为极值.

例 1 求函数 $f(x)=\dfrac{2}{3}x^3-\dfrac{1}{2}x^4$ 的极值.

解 函数的连续区间是$(-\infty,+\infty)$. 由

$$f'(x)=2x^2-2x^3=2x^2(1-x),$$

令 $f'(x)=0$ 得驻点 $x_1=0$，$x_2=1$.

$x_1=0$，$x_2=1$ 将区间$(-\infty,+\infty)$分成三个部分区间$(-\infty,0)$，$(0,1)$和$(1,+\infty)$.

列表判别如下（见表 3-2）：

表 3-2

x	$(-\infty,0)$	0	$(0,1)$	1	$(1,+\infty)$
$f'(x)$	+	0	+	0	−
$f(x)$	↗	无极值	↗	极大值	↘

由表 3-2 可知 $f(1)=\frac{1}{6}$是极大值.

例 2 求函数 $f(x)=x-\frac{3}{2}x^{\frac{2}{3}}$ 的极值.

解 函数的连续区间是$(-\infty,+\infty)$. 由

$$f'(x)=1-x^{-\frac{1}{3}}=\frac{\sqrt[3]{x}-1}{\sqrt[3]{x}}$$

知,$x_1=0$ 是不可导点,$x_2=1$ 是驻点.

$x_1=0$,$x_2=1$ 将连续区间$(-\infty,+\infty)$分成三个部分区间$(-\infty,0)$,$(0,1)$和$(1,+\infty)$.

在区间$(-\infty,0)$内,$f'(x)>0$;在区间$(0,1)$内,$f'(x)<0$;在区间$(1,+\infty)$内,$f'(x)>0$. 所以,$x_1=0$ 是极大值点,$x_2=1$ 是极小值点.

$f(0)=0$ 是极大值,$f(1)=-\frac{1}{2}$是极小值.

对函数 $f(x)$的**驻点**,也可用 $f(x)$的二阶导数判定其是否为极值点. 有**如下定理**.

定理 3 (判别极值的第二充分条件) 设函数 $f(x)$在点 x_0 处具有二阶导数,且 $f'(x_0)=0$,$f''(x_0)\neq 0$,

(1) 当 $f''(x_0)<0$ 时,函数 $f(x)$在 x_0 处取得极大值;

(2) 当 $f''(x_0)>0$ 时,函数 $f(x)$在 x_0 处取得极小值.

说明 定理 2 和定理 3 虽然都是判定极值点的充分条件,但在应用时又有区别. 定理 2 对驻点和导数不存在的点均适用;而定理 3 对下述两种情况不适用:

(1) 导数不存在的点;

(2) 当 $f'(x_0)=0$,$f''(x_0)=0$ 时,这时,x_0 可能是极值点,如函数 $f(x)=x^4$,有 $f'(0)=f''(0)=0$,$x=0$ 是极小值点;也可能不是极值点,如函数 $f(x)=x^3$,有 $f'(0)=0$,$f''(0)=0$,而 $x=0$ 不是极值点.

例 3 求函数 $f(x)=2x^2-x^4$ 的极值.

解 函数的连续区间是$(-\infty,+\infty)$. 由

$$f'(x)=4x-4x^3=4x(1-x)(1+x),$$

令 $f'(x)=0$ 得驻点 $x_1=-1$,$x_2=0$,$x_3=1$. 又

$$f''(x)=4-12x^2,\quad 以及\quad f''(-1)=f''(1)=-8<0,\quad f''(0)=4>0,$$

所以,函数 $f(x)$在 $x_1=-1$ 和 $x_3=1$ 取极大值,极大值是 $f(-1)=f(1)=1$;$f(x)$在 $x_2=0$

取极小值,极小值是 $f(0)=0$.

二、最大值与最小值问题

由§1.7中的最大值与最小值定理知:若函数 $f(x)$ 在闭区间 $[a,b]$ 上连续,则 $f(x)$ 在 $[a,b]$ 上必有最大值与最小值.最值可在区间内部取得,也可在区间端点取得.在区间 $[a,b]$ 上求函数 $f(x)$ 的最值的**一般程序是**:

首先,要求出函数在开区间 (a,b) 内所有可能是极值点的函数值;

其次,求出区间端点的函数值 $f(a)$ 和 $f(b)$;

最后,将这些函数值进行比较,其中最大(小)者为最大(小)值.

求函数的最值时,常遇到下述情况:

(1) 若在函数 $f(x)$ 连续的区间 I 内仅有一个极值,是极大(小)值时,它就是函数 $f(x)$ 在该区间上的最大(小)值(图3-5).解极值应用问题时,此种情形较多.

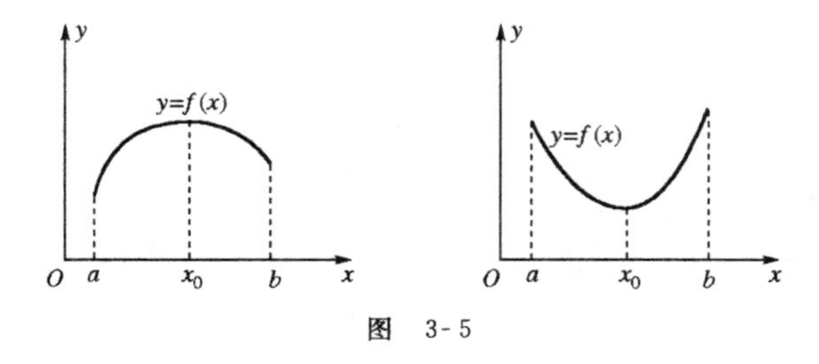

图 3-5

(2) 若函数 $f(x)$ 在闭区间 $[a,b]$ 上是单调增加(减少)的,则最值在区间端点取得.

例4 求函数 $f(x)=2x^2-\ln x$ 在闭区间 $\left[\frac{1}{3},3\right]$ 上的最大值与最小值.

解 函数 $f(x)$ 在区间 $\left[\frac{1}{3},3\right]$ 上连续.由

$$f'(x)=4x-\frac{1}{x}=\frac{4x^2-1}{x},$$

令 $f'(x)=0$ 得驻点 $x_1=\frac{1}{2},x_2=-\frac{1}{2}$.舍 x_2,因 $x_2\overline{\in}\left[\frac{1}{3},3\right]$,且 $f\left(\frac{1}{2}\right)=\frac{1}{2}+\ln 2$.区间端点函数值 $f\left(\frac{1}{3}\right)=\frac{2}{9}+\ln 3, f(3)=18-\ln 3$.

经比较可知,函数 $f(x)$ 在 $\left[\frac{1}{3},3\right]$ 上的最大值和最小值分别是

$$f(3)=18-\ln 3,\quad f\left(\frac{1}{2}\right)=\frac{1}{2}+\ln 2.$$

函数的最大值与最小值问题,在实践中有广泛的应用.在给定条件的情况下,要求效益最佳的问题,就是最大值问题;而在效益一定的情况下,要求消耗的资源最少的问题,是最小值问题.

在解决实际问题时，首先要把问题的要求作为目标，建立目标函数，并确定函数的定义域；其次，应用极值知识求目标函数的最大值或最小值；最后应按问题的要求给出结论. 这里仅举几何应用例题，§ 3.6 讲经济应用问题.

例 5 将边长为 a 的一块正方形铁皮，四角各截去一个大小相同的小正方形，然后将四边折起做一个无盖的方盒(图 3-6). 问截掉的小正方形边长为多大时，所得方盒的容积最大？最大容积为多少？

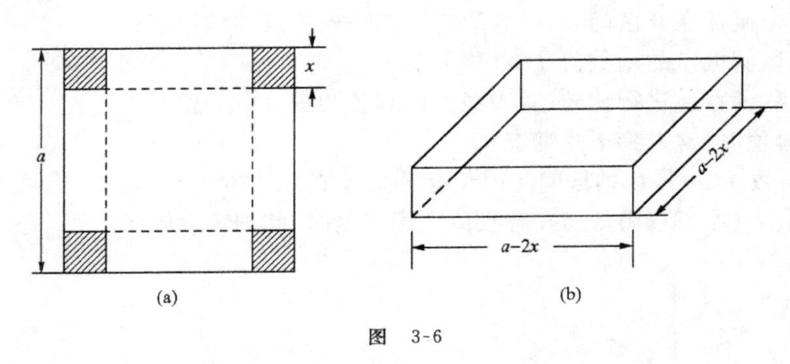

图 3-6

解 (1) 分析问题，建立目标函数.

按题目的要求，在铁皮大小给定的条件下，要使方盒的容积最大是我们的目标. 而方盒的容积依赖于截掉的小正方形的边长. 这样，目标函数就是方盒的容积与截掉的小正方形边长之间的函数关系.

设小正方形的边长为 x，则方盒底的边长为 $a-2x$，若以 V 表示方盒的容积，则 V 与 x 的函数关系是

$$V = x(a-2x)^2, \quad x \in \left(0, \frac{a}{2}\right).$$

(2) 解最大值问题，即确定 x 的取值，以使 V 取最大值.

$$\frac{\mathrm{d}V}{\mathrm{d}x} = (a-2x)^2 - 4x(a-2x) = (a-2x)(a-6x).$$

令 $\dfrac{\mathrm{d}V}{\mathrm{d}x}=0$，得驻点 $x=\dfrac{a}{6}$ 和 $x=\dfrac{a}{2}$，其中 $\dfrac{a}{2}$ 舍去，因为它不在区间 $\left(0,\dfrac{a}{2}\right)$ 内.

因为当 $x\in\left(0,\dfrac{a}{6}\right)$ 时，$\dfrac{\mathrm{d}V}{\mathrm{d}x}>0$，当 $x\in\left(\dfrac{a}{6},\dfrac{a}{2}\right)$ 时，$\dfrac{\mathrm{d}V}{\mathrm{d}x}<0$，所以 $x=\dfrac{a}{6}$ 是极大值点. 由于在区间内部只有一个极值点且是极大值点，这也就是取最大值的点.

(3) 结论：当小正方形边长 $x=\dfrac{a}{6}$ 时，方盒容积最大，其值为 $V=\dfrac{2a^3}{27}$.

例 6 欲围建一个面积为 288 m^2 的矩形堆料场，一边可以利用原有的墙壁，其他三面墙壁新建，问堆料场的长和宽各为多少时，才能使建堆料场所用材料最少？

解 建立目标函数.

在场地面积一定的条件下要求所用材料最少,实际上就是要使新建墙壁总长度最短为目标;而墙壁总长度依赖于矩形的长或宽.这样,目标函数就是墙壁总长与矩形的长或宽之间的函数关系.

如图 3-7 所示,设场地的宽为 x,为使场地面积为 $288\,\mathrm{m}^2$,则场地的长应为$\dfrac{288}{x}$.若以 l 表示新建墙壁的总长度,则目标函数为

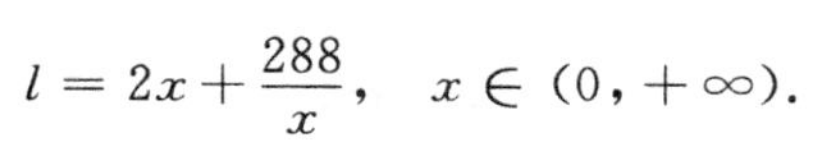

$$l = 2x + \frac{288}{x}, \quad x \in (0, +\infty).$$

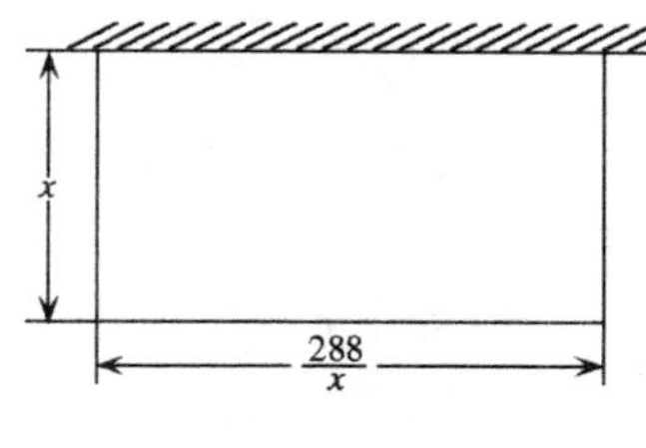

图 3-7

解极值问题.由

$$\frac{\mathrm{d}l}{\mathrm{d}x} = 2 - \frac{288}{x^2} = 0,$$

得驻点 $x=12$($x=-12$ 舍去).又

$$\frac{\mathrm{d}^2 l}{\mathrm{d}x^2} = \frac{576}{x^3}, \quad \left.\frac{\mathrm{d}^2 l}{\mathrm{d}x^2}\right|_{x=12} > 0,$$

所以,$x=12$ 是极小值点.由于函数在其定义域内只有一个极值点,且是极小值点,这就是使函数取最小值的点.

当宽 $x=12\,\mathrm{m}$ 时,长$\dfrac{288}{12}=24\,\mathrm{m}$.于是,新建墙壁的长为 $24\,\mathrm{m}$,宽为 $12\,\mathrm{m}$ 时,所建堆料场用料最少.

习 题 3.3

A 组

1. 求下列函数的极值:

(1) $y=2x^3-6x^2-18x+7$; (2) $y=x-\ln x$;

(3) $y=(x-1)\sqrt[3]{x^2}$; (4) $y=x^2\mathrm{e}^{-x^2}$.

2. 求下列函数的最大值与最小值:

(1) $f(x)=2x^3+3x^2, x\in[-2,1]$; (2) $f(x)=x(x-1)^{\frac{1}{3}}, x\in[-1,2]$.

3. 现需要围成一块矩形场地,并在正中用一堵同样材料的墙把它隔成两块,如图 3-8.

(1) 若现有材料可围成 60 m 长的墙,问场地的长及宽各为多少时所围场地面积最大?最大面积是多少?

(2) 若要围成面积为 $216\,\mathrm{m}^2$ 的场地,问场地的长及宽各为多少时使所用的材料最省?

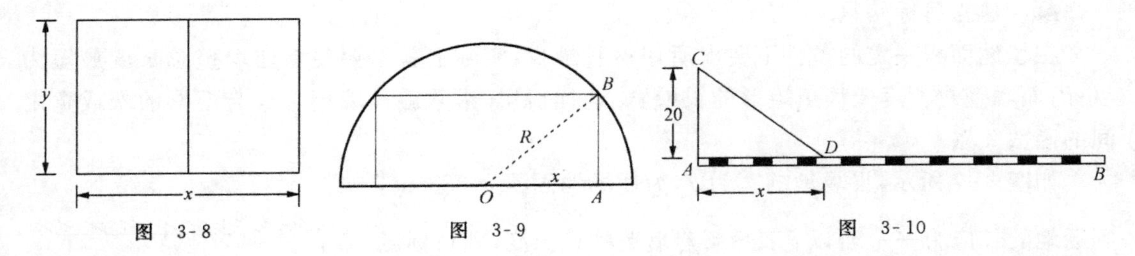

图 3-8　　图 3-9　　图 3-10

4. 在半径为 R 的半圆内,内接一个一边与直径平行的矩形(如图 3-9),求矩形的最大面积.

5. 铁路线上 AB 段的距离为 100 km,工厂 C 距 A 处为 20 km,$AC\perp AB$. 为了运输需要,要在 AB 线上选一定点 D 向工厂 C 修筑一条公路(如图 3-10). 已知铁路与公路每千米的货运费之比为 3∶5. 为了使产品从工厂 C 运到消费点 B 的运费最省,问 D 点应选在何处?

B　组

1. 求下列函数的单调区间和极值:

(1) $f(x)=x^2-\ln x^2$;　　(2) $f(x)=\frac{3}{5}x^{\frac{5}{3}}-\frac{3}{2}x^{\frac{2}{3}}+1$.

2. 设函数 $f(x)=ax^3+bx^2+cx+d$ 在 $x=1$ 取极大值 6,在 $x=2$ 取极小值 5,求 a,b,c,d 的值.

§3.4　曲线的凹向与拐点·函数作图

【学习本节要达到的目标】

1. 了解曲线凹向与拐点的概念.
2. 会判定曲线的凹向并能求出拐点.
3. 能根据函数的单调性、极值、凹向、拐点、渐近线等性态描绘函数的图形.

一、曲线的凹向与拐点

1. 曲线凹向与拐点的定义

一条曲线不仅有上升和下降的问题,还有弯曲方向的问题. 讨论曲线的凹向就是讨论曲线的弯曲方向问题.

观察图 3-11 中的曲线 $y=f(x)$,通常人们认为曲线是向上弯曲的,称**曲线上凹**(或**曲线下凸**);再注意曲线与其上切线的相对位置,过曲线上任一点作切线,显然,切线在曲线的下方. 观察图 3-12 中的曲线 $y=f(x)$,曲线是向下弯曲的,称**曲线下凹**(或**曲线上凸**);曲线与其上任一点切线的相对位置,则是切线在曲线的上方.

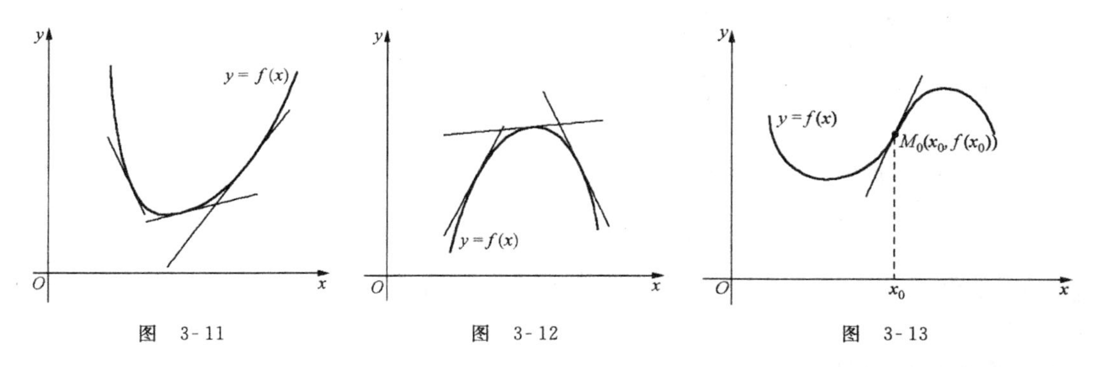

图 3-11　　图 3-12　　图 3-13

再观察图 3-13,在曲线 $y=f(x)$ 上的点 $M_0(x_0,f(x_0))$ 的两侧,曲线的凹向不同;过点 M_0 作曲线的切线,切线将穿过曲线.这样的点称为曲线的拐点.拐点是扭转曲线弯曲方向的点.

定义 在区间 I 内,若曲线弧位于其上任一点切线的上方,则称曲线**在该区间内上凹**;若曲线弧位于其上任一点切线的下方,则称曲线**在该区间内下凹**.曲线上,凹向不同的分界点称为**曲线的拐点**.

2. 判别曲线凹向与求拐点的方法

图 3-11 中的曲线是上凹的,$f'(x)$ 是曲线 $y=f(x)$ 在点 $(x,f(x))$ 处的切线斜率.若将切点沿曲线从左向右移动时,显然,切线的斜率 $f'(x)$ 单调增加.若函数 $f(x)$ 二阶可导,且 $f''(x)>0$,由于 $f''(x)=(f'(x))'>0$,这时,导函数 $f'(x)$ 必然单调增加.

图 3-12 中的曲线是下凹的,若将切点沿曲线从左向右移动时,显然,切线的斜率 $f'(x)$ 单调减少.同理,只要 $f''(x)<0$,$f'(x)$ 就单调减少.

根据上述分析,有如下判定**曲线凹向的定理**:

定理(判别凹向的充分条件) 在函数 $f(x)$ 二阶可导的区间 I 内:

(1) 若 $f''(x)>0$,则曲线 $y=f(x)$ **上凹**;

(2) 若 $f''(x)<0$,则曲线 $y=f(x)$ **下凹**.

按拐点的定义,若点 $(x_0,f(x_0))$ 是曲线 $y=f(x)$ 的拐点,在 $f''(x_0)$ 存在时,依照上述定理,**必然有** $f''(x_0)=0$,且在点 x_0 的左右邻域内,$f''(x)$ 的符号相反.

在此,我们必须指出:在 $f''(x_0)$ 存在的前提下,$f''(x_0)=0$ 仅是拐点存在的**必要条件**,而**不是充分条件**.例如,函数 $y=x^4$,它的二阶导数有

$$y''=12x^2\begin{cases}=0, & \text{当 } x=0 \text{ 时},\\ >0, & \text{当 } x\neq 0 \text{ 时},\end{cases}$$

且当 $x=0$ 时,$y=0$,因此,在 $x=0$ 的两侧曲线 $y=x^4$ 都是上凹的,因而原点 $(0,0)$ 不是曲线 $y=x^4$ 的拐点.

由以上讨论可知,确定曲线 $y=f(x)$ 的**凹向与拐点的程序是**:

(1) 确定函数 $f(x)$ 的连续区间 I；

(2) 求二阶导数，在区间 I 内求出使 $f''(x)=0$ 的点；

(3) 由上述求出的点，将区间 I 分成若干个部分区间，由 $f''(x)$ 在各个部分区间的符号，便可确定曲线在相应部分区间的凹向及是否存在拐点. 若在 x_0 处存在拐点，求出拐点 $(x_0, f(x_0))$.

例 1　讨论曲线 $y=x^4-2x^3+1$ 的凹向与拐点.

解　函数的连续区间为 $(-\infty,+\infty)$. 由

$$y' = 4x^3 - 6x^2, \quad y'' = 12x^2 - 12x = 12x(x-1),$$

令 $y''=0$，其解是 $x_1=0, x_2=1$. 它们将函数的连续区间分成三个部分区间 $(-\infty,0)$，$(0,1)$，$(1,+\infty)$.

列表判别[①]如下(见表 3-3)：

表　3-3

x	$(-\infty,0)$	0	$(0,1)$	1	$(1,+\infty)$
y''	+	0	−	0	+
y	∪	1	∩	0	∪

由表 3-3 知，曲线 $y=x^4-2x^3+1$ 在 $(-\infty,0)\cup(1,+\infty)$ 是上凹的，在 $(0,1)$ 是下凹的；拐点为 $(0,1)$ 与 $(1,0)$.

例 2　在某一地区，一种耐用消费品的需求量 Q 与销售时间 t 的函数关系为

$$Q = Ae^{\frac{b}{t}} \quad (A>0, b<0).$$

讨论函数的单调性及其曲线的凹向与拐点.

解　该函数的定义域是 $(0,+\infty)$. 由于

$$\frac{dQ}{dt} = -\frac{Ab}{t^2}e^{\frac{b}{t}}, \quad \frac{d^2Q}{dt^2} = \frac{Ab}{t^3}e^{\frac{b}{t}}\left(2+\frac{b}{t}\right),$$

显然，$\frac{dQ}{dt}>0$，所以已知函数在定义域内单调增加.

由 $\frac{d^2Q}{dt^2}=0$，解得 $t=-\frac{b}{2}$. 在区间 $\left(0,-\frac{b}{2}\right)$ 内，因 $\frac{d^2Q}{dt^2}>0$，故曲线上凹；在区间 $\left(-\frac{b}{2},+\infty\right)$ 内，因 $\frac{d^2Q}{dt^2}<0$，故曲线下凹. 当 $t=-\frac{b}{2}$ 时，$Q=Ae^{-2}$，故曲线的拐点是 $\left(-\frac{b}{2},Ae^{-2}\right)$. 该曲线如图 3-14 所示.

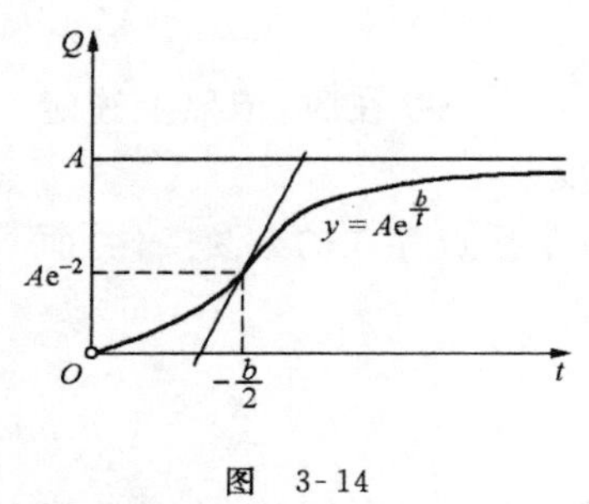

图　3-14

① 表中符号"∩"表示曲线下凹，符号"∪"表示曲线上凹.

该曲线的经济解释是：

(1) 已给函数单调增加，表明随着时间的延续，该消费品的需求数量不断增加.

(2) 在时间区间$\left(0,-\frac{b}{2}\right)$内，曲线上凹，表明需求量增加的趋势由缓慢而逐渐加快；在时间区间$\left(-\frac{b}{2},+\infty\right)$内，曲线下凹，表明需求量增加的趋势由加快而转向缓慢. 曲线的拐点是$\left(-\frac{b}{2},Ae^{-2}\right)$，表明在时间点$t=-\frac{b}{2}$，需求量达到$Q=Ae^{-2}$时，是需求量增加的趋势由加快而转向缓慢的扭转点.

(3) 注意到$\lim\limits_{t\to+\infty}Ae^{\frac{b}{t}}=A$，即该曲线向右无限延伸时，以直线$Q=A$为水平渐近线，这表明需求量趋于平稳而逐渐进入饱和状态.

二、函数作图

描点作图是作函数图形的基本方法. 现在掌握了微分学的基本知识，若先利用微分法讨论函数和曲线的性态，然后再描点作图，就能使作出的图形较为准确.

作函数的图形，一般**程序**如下：

(1) 确定函数的定义域、间断点，以明确图形的范围；

(2) 讨论函数的奇偶性、周期性，以判别图形的对称性、周期性；

(3) 考查曲线的渐近线，以把握曲线伸向无穷远的趋势；

(4) 确定函数的单调区间、极值点；确定曲线的凹向及拐点，这就使我们掌握了图形的大致形状；

(5) 为了作图的需要，有时还要选出曲线上若干个点，特别是曲线与坐标轴的交点；

(6) 根据以上讨论，描点作出函数的图形.

例 3 作函数$y=\varphi(x)=\frac{1}{\sqrt{2\pi}}e^{-\frac{x^2}{2}}$的图形.

解 (1) 函数的定义域是$(-\infty,+\infty)$.

(2) $\varphi(x)$是偶函数，其图形关于y轴对称；且$y>0$，所以图形在x轴上方.

(3) 求渐近线. 因$\lim\limits_{x\to\infty}\frac{1}{\sqrt{2\pi}}e^{-\frac{x^2}{2}}=0$，所以，直线$y=0$为水平渐近线.

(4) 考查单调性、极值、凹向及拐点. 由于

$$y'=-\frac{x}{\sqrt{2\pi}}e^{-\frac{x^2}{2}},\quad y''=\frac{(x+1)(x-1)}{\sqrt{2\pi}}e^{-\frac{x^2}{2}},$$

令$y'=0$得驻点$x_1=0$；令$y''=0$得$x_2=-1,x_3=1$.

列表讨论，由对称性，只列出区间$[0,+\infty)$范围的表(见表 3-4)：

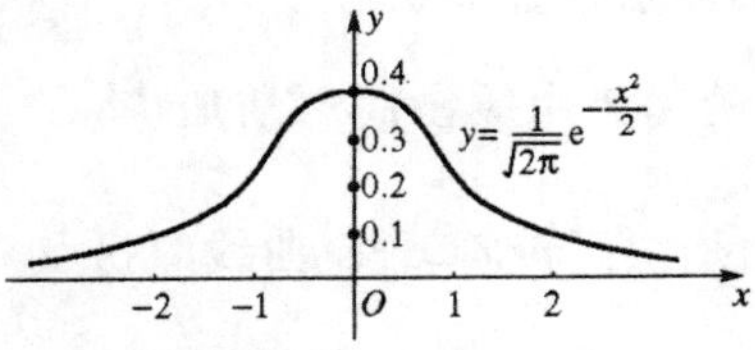

表　3-4

x	0	(0,1)	1	$(1,+\infty)$
y'	0	−	−	−
y''	−	−	0	+
y	0.3989 极大值	↘∩	0.242 拐点	↘∪

图　3-15

由表 3-4 知，极大值是 $y|_{x=0}=\dfrac{1}{\sqrt{2\pi}}\approx 0.3989$；因 $y|_{x=1}=\dfrac{1}{\sqrt{2}}\mathrm{e}^{-\frac{1}{2}}\approx 0.242$，故拐点是(1,0.242)和(−1,0.242).

(5) 描点作图. 所作图形如图 3-15 所示.

例 4　作函数 $y=\dfrac{x^2}{1+x}$的图形.

解　(1) 定义域为$(-\infty,-1)\cup(-1,+\infty)$. $x=-1$是间断点.

(2) 求渐近线：

$$\lim_{x\to -1^-}\frac{x^2}{1+x}=-\infty,\quad \lim_{x\to -1^+}\frac{x^2}{1+x}=+\infty,$$

所以，直线 $x=-1$ 为垂直渐近线.

(3) 考查单调性、极值、凹向及拐点. 由于

$$y'=\frac{x(x+2)}{(1+x)^2},\quad y''=\frac{2}{(1+x)^3},$$

令 $y'=0$ 得驻点 $x_1=-2, x_2=0$. 没有使 $y''=0$ 的点.

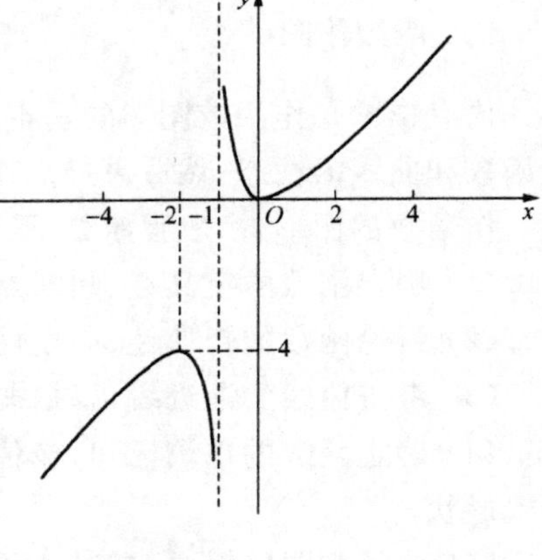

图　3-16

列表讨论(见表 3-5)：

表　3-5

x	$(-\infty,-2)$	−2	$(-2,-1)$	−1	$(-1,0)$	0	$(0,+\infty)$
y'	+	0	−		−	0	+
y''	−	−	−		+	+	+
y	↗∩	−4 极大值	↘∩	无定义	↘∪	0 极小值	↗∪

(4) 选点. 取 $x=-4$，得点$\left(-4,-\dfrac{16}{3}\right)$；取 $x=4$，得点$\left(4,\dfrac{16}{5}\right)$.

(5) 描点作图. 所作图形如图 3-16 所示.

习 题 3.4

A 组

1. 讨论下列曲线的凹向与拐点：

(1) $y=\frac{2x}{1+x^2}$；　(2) $y=3x^4-4x^3+1$；　(3) $y=x\arctan x$；　(4) $y=xe^{-x}$.

2. 问 a,b 为何值时，点(1,3)为曲线 $y=ax^3+bx^2$ 的拐点？

3. 作出下列函数的图形：

(1) $y=2x^3-3x^2+1$；　(2) $y=\frac{1-2x}{x^2}+1$.

B 组

1. 试决定曲线 $y=ax^3+bx^2+cx+d$ 中的 a,b,c,d 的值，使得 $x=-2$ 处曲线有水平切线，(1,−10)为拐点，且点(−2,44)在曲线上.

2. 在函数 $f(x)$二阶可导的区间 I 内，若曲线 $y=f(x)$是上凹的，则曲线 $y=e^{f(x)}$ 也是上凹的.

§3.5 边际·弹性

【学习本节要达到的目标】

1. 了解经济学中常用的函数.
2. 理解边际概念.
3. 理解需求价格弹性、供给价格弹性的经济意义.

一、经济中几个常用函数

1. 需求函数

需求是指消费者在一定价格条件下对商品的需要. 这就是消费者愿意购买而且有支付能力. 需求价格是指消费者对所需要的一定量的商品所愿支付的价格.

假设需求 Q 与价格 P 之间存在函数关系. 并视 P 为自变量，Q 为因变量，便有需求函数

$$Q=\varphi(P),\quad P\geqslant 0.$$

一般说来，需求随价格上涨而减少，或随价格下降而增加. 因此，通常假设需求函数是单调减少的. 需求函数的图形，如图 3-17 所示. 需求函数的反函数 $P=\varphi^{-1}(Q)$在经济学中也称为**需求函数**，有时称为**价格函数**.

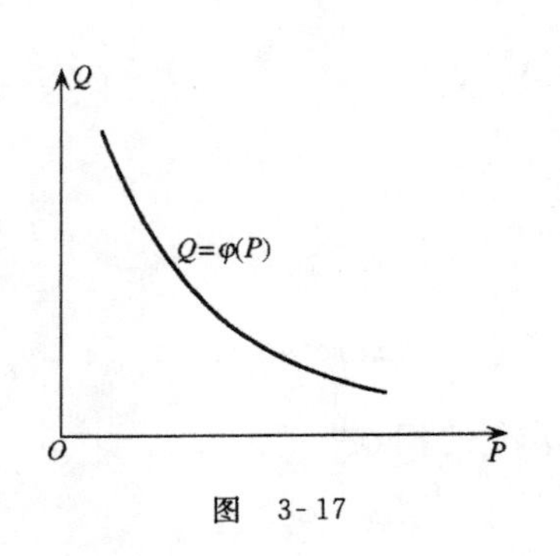

图 3-17

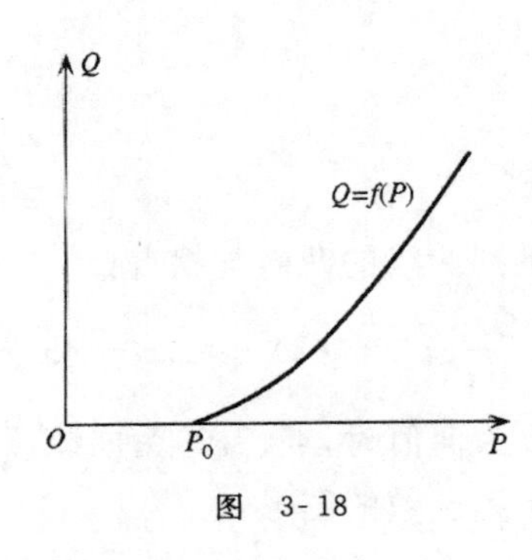

图 3-18

2. 供给函数

供给是指在某一时期内，生产者在一定价格条件下，愿意并可能出售的产品. 供给价格是指生产者为提供一定量商品所愿意接受的价格.

假设供给 Q 与价格 P 之间存在着函数关系，视 P 为自变量，Q 为因变量，便有**供给函数**

$$Q = f(P), \quad P > 0.$$

一般情况，假设供给函数是单调增加的，供给曲线如图 3-18 所示.

3. 成本函数

(1) 总成本函数

总成本是指生产特定产量的产品所需要的**成本总额**. 它包括两部分：**固定成本和可变成本**. 固定成本是在一定限度内不随产量变动而变动的费用. 可变成本是随产量变动而变动的费用.

若以 Q 表示产量，C 表示总成本，则 C 与 Q 之间的函数关系称为**总成本函数**，记为

$$C = C(Q) = C_0 + V(Q), \quad Q \geqslant 0,$$

其中 $C_0 \geqslant 0$ 是固定成本，$V(Q)$ 是可变成本.

总成本函数是单调增函数，总成本曲线如图 3-19 所示.

(2) 平均成本函数

平均成本是平均每个单位产品的成本. 平均成本记为 AC. 若已知总成本函数 $C = C(Q)$，则**平均成本函数**为

$$AC = \frac{C(Q)}{Q}, \quad Q > 0.$$

在经济学中，平均成本曲线一般如图 3-20 所示.

4. 收益函数

销售收益是生产者出售一定量商品的收入，记为 R. 销售收益等于产品价格 P 与销售量 Q 乘积.

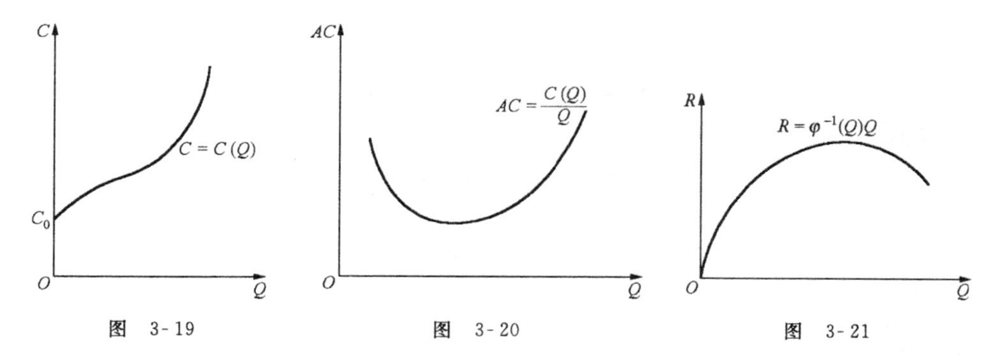

图 3-19　　图 3-20　　图 3-21

若以销售量 Q 为自变量，R 为因变量，则 R 与 Q 之间的函数关系称为**总收益函数**，已知需求函数 $Q=\varphi(P)$，则有 $P=\varphi^{-1}(Q)$，此时，总收益函数为

$$R=R(Q)=P\cdot Q=\varphi^{-1}(Q)\cdot Q,\quad Q\geqslant 0.$$

未出售商品时，总收益的值为 0，即 $R(0)=0$. 当需求函数为单调减函数时，收益函数的曲线如图 3-21 所示.

平均收益记为 AR，它是商品的价格，即

$$AR=\frac{R(Q)}{Q}=P=\varphi^{-1}(Q).$$

5. 利润函数

在假设产量与销售量一致的情况下，总利润函数定义为总收益函数 $R=R(Q)$ 与总成本函数 $C=C(Q)$ 之差. 若以 π 记总利润，则**总利润函数**（简称**利润函数**）

$$\pi=\pi(Q)=R(Q)-C(Q).$$

显然，若产量为 Q，当 $R(Q)>C(Q)$ 时，为盈利；当 $R(Q)<C(Q)$ 时，为亏损. 若产量 Q_0，使得 $\pi(Q_0)=0$，即 $R(Q_0)=C(Q_0)$，则 Q_0 称为**盈亏分界点**.

二、边际概念

设函数 $f(x)$ 可导，则导函数 $f'(x)$ 在经济与商务中称为边际函数，即**边际概念是导数概念的经济解释**.

例如，总成本函数 $C=C(Q)$，总成本 C 对产量 Q 的导数称为**边际成本**，记为 MC，即边际成本函数为

$$MC=\frac{\mathrm{d}C}{\mathrm{d}Q}.$$

产量为 Q_0 时的边际成本可解释为：生产第 Q_0 个单位产品，总成本增加的数额，即生产第 Q_0 个单位产品的生产成本.

又如，对总收益函数 $R=R(Q)$，则 R 对 Q 的导数称为**边际收益**，记为 MR，边际收益函数为

$$MR=\frac{\mathrm{d}R}{\mathrm{d}Q}.$$

销售量为 Q_0 时的边际收益可解释为：销售第 Q_0 个单位产品，总收益增加的数额，即销售第 Q_0 个单位产品所得到的收益.

例 1　设总成本函数 $C(Q)=\frac{1}{2}Q^2+24Q+8500$，求：

(1) 边际成本函数 MC；

(2) 产量为 50 时的边际成本，并说明经济意义.

解　(1) 由总成本函数，可得

$$MC=C'(Q)=\left(\frac{1}{2}Q^2+24Q+8500\right)'=Q+24.$$

(2) 当 $Q=50$ 时，

$$MC\mid_{Q=50}=(Q+24)\mid_{Q=50}=50+24=74.$$

其经济意义是，生产第 50 个单位产品，总成本将增加 74 个单位，即生产第 50 个单位产品的生产成本是 74.

三、函数的弹性及其经济意义

边际函数所反映的是函数的绝对变化率，即函数的绝对改变量与自变量的绝对改变量之比当自变量的绝对量趋于 0 时的极限. 而在实际经济活动中，仅仅关注绝对改变量与绝对变化率是不够的. 例如，某股市中介向人们推荐两种股票，简称 A 股、B 股. A 股在今后三个月内每股可能上涨 1 元，B 股每股可能上涨 2 元. 要确定买哪种股票，若仅知道每股涨价的绝对值显然不够. 为了确定买哪种股票，还要看看每股涨价的相对增加率. 设 A 股每股为 10 元，B 股每股为 40 元，而 A 股在今后三个月股价将上涨 10%，而 B 股仅仅提高 5%，经过分析应该购买 A 股较好. 由此有必要来研究函数的相对变化率.

1. 函数弹性概念

对函数 $y=f(x)$，当自变量从 x 起改变了 Δx 时，其自变量的**相对改变量是** $\frac{\Delta x}{x}$，**函数** $f(x)$ **相对应的相对改变量**则是 $\frac{f(x+\Delta x)-f(x)}{f(x)}$.

函数的弹性是为考查相对变化而引入的.

定义　设函数 $y=f(x)$ 在点 x 可导，则极限

$$\lim_{\Delta x\to 0}\frac{\frac{f(x+\Delta x)-f(x)}{f(x)}}{\frac{\Delta x}{x}}\lim_{\Delta x\to 0}\frac{x}{f(x)}\frac{f(x+\Delta x)-f(x)}{\Delta x}=x\frac{f'(x)}{f(x)}$$

称为**函数 $f(x)$ 在点 x 的弹性**，记为 $\frac{Ey}{Ex}$ 或 $\frac{Ef(x)}{Ex}$，即

$$\frac{Ey}{Ex}=x\frac{f'(x)}{f(x)}=\frac{x}{f(x)}\cdot\frac{\mathrm{d}f(x)}{\mathrm{d}x}.$$

它表示在 x 处,当 x 产生 1%变化时,$f(x)$的变化为$\frac{Ef(x)}{Ex}\%$.

由上述定义,函数 $y=f(x)$在 x_0 处的弹性记为

$$\left.\frac{Ey}{Ex}\right|_{x=x_0}=\frac{x_0}{y_0}f'(x_0).$$

由于函数的弹性$\frac{Ey}{Ex}$是就自变量 x 与因变量 y 的相对变化而定义的,它表示函数 $y=f(x)$在点 x 的相对变化率,因此,它与任何度量单位无关.

例 2 求函数 $f(x)=100\mathrm{e}^{2x}$的弹性,并求 $x=2$ 处的弹性.

解 由于 $f'(x)=200\mathrm{e}^{2x}$,所以

$$\frac{Ef(x)}{Ex}=x\frac{f'(x)}{f(x)}=x\frac{200\mathrm{e}^{2x}}{100\mathrm{e}^{2x}}=2x.$$

因此,当 $x=2$ 时$\left.\frac{Ef(x)}{Ex}\right|_{x=2}=2x|_{x=2}=4$.

其含义是自变量 x 在 $x=2$ 处变化 1%时,引起函数 $f(x)$的变化为 4%.

2. 弹性的经济意义

(1) 需求价格弹性

设需求函数为 $Q=\varphi(P)$,按函数弹性定义,**需求函数的弹性**定义为

$$\frac{EQ}{EP}=P\frac{\varphi'(P)}{\varphi(P)}.$$

由于上式是描述需求 Q 对价格 P 的相对变化率,通常称上式为**需求函数在点 P 的需求价格弹性**,简称为**需求价格弹性**,记为 E_{d}. 一般情况,因 $P>0$,$\varphi(P)>0$,而 $\varphi'(P)<0$(因假设 $\varphi(P)$是单调减函数),所以 E_{d} 是负数.

需求函数在点 P 的需求价格弹性的经济意义是:**在价格为 P 时,若价格提高或降低 1%,需求由 Q 起,减少或增加的百分数(近似的)是**$|E_{\mathrm{d}}|$. 因此,需求价格弹性反映了当价格变动时需求量变动对价格变动的灵敏程度.

在经济分析中,应用商品的需求价格弹性,可以指明当价格变动时,销售总收益的变动情况.

设 $Q=\varphi(P)$是需求函数,将总收益 R 表示为 P 的函数:

$$R=R(P)=PQ=P\varphi(P),$$

R 对 P 的导数是 R 关于价格 P 的边际收益:

$$\begin{aligned}\frac{\mathrm{d}R}{\mathrm{d}P}&=\frac{\mathrm{d}}{\mathrm{d}P}[P\varphi(P)]=\varphi(P)+P\varphi'(P)\\&=\varphi(P)\left[1+P\frac{\varphi'(P)}{\varphi(P)}\right],\end{aligned}$$

即

$$\frac{\mathrm{d}R}{\mathrm{d}P}=\varphi(P)[1+E_\mathrm{d}]. \tag{1}$$

上式给出了收益关于价格的边际收益与需求价格弹性之间的关系.

(i) 若 $E_\mathrm{d}>-1$ 或 $|E_\mathrm{d}|<1$ 时,称需求是**低弹性的**. 这种情况,价格提高(或降低)1%,而需求减少(或增加)低于 1%. 由(1)式知,当 $E_\mathrm{d}>-1$ 时,$\frac{\mathrm{d}R}{\mathrm{d}P}>0$,从而总收益函数 $R=R(P)$ 是单调增函数. 这时,总收益随价格的提高而增加. 换句话说,当需求是低弹性时,由于需求下降的幅度小于价格提高的幅度,因而,提高价格可使总收益增加.

(ii) 若 $E_\mathrm{d}<-1$ 或 $|E_\mathrm{d}|>1$ 时,称需求是**弹性的**,这时,价格提高(或降低)1%,而需求减少(或增加)大于 1%. 由(1)式知,当 $E_\mathrm{d}<-1$ 时,$\frac{\mathrm{d}R}{\mathrm{d}P}<0$,$R=R(P)$ 是单调减函数. 在这种情况下,提高价格,总收益将随之减少. 这是因为需求是弹性的,需求下降的幅度大于价格提高的幅度.

(iii) 若 $E_\mathrm{d}=-1$ 或 $|E_\mathrm{d}|=1$ 时,称需求是**单位弹性的**,即价格提高(或降低)1%,而需求恰减少(或增加)1%. 由(1)式知,当 $E_\mathrm{d}=-1$ 时,$\frac{\mathrm{d}R}{\mathrm{d}P}=0$. 这时,总收益达到最大.

以上分析说明,测定商品的需求价格弹性,对进行市场分析,确定或调节商品的价格有参考价值.

例 3 设某商品的需求函数为

$$Q=12-0.5P,$$

求 $P=6,12,14$ 时的需求价格弹性,并作出经济解释.

解 由 $\frac{\mathrm{d}Q}{\mathrm{d}P}=-0.5$,得

$$\begin{aligned}E_\mathrm{d}&=\frac{P}{Q}\frac{\mathrm{d}Q}{\mathrm{d}P}=-\frac{0.5P}{12-0.5P}\\&=\frac{P}{P-24}.\end{aligned}$$

当 $P=6$ 时,$E_\mathrm{d}=-\frac{1}{3}\approx-0.33$,需求是低弹性的. 当 $P=6$ 时,$Q=9$,这说明,在价格 $P=6$ 时,若价格提高或降低 1%,需求 Q 将由 9 起减少或增加 0.33%;这时,若提高价格,总收益随之增加.

当 $P=12$ 时,$E_\mathrm{d}=-1$,需求是单位弹性的. 当 $P=12$ 时,$Q=6$,这说明,在价格 $P=12$ 时,若价格提高或降低 1%,需求 Q 将由 6 起减少或增加 1%,这时,即 $P=12$ 时,总收益取最大值.

当 $P=14$ 时,$E_\mathrm{d}=-1.4$,需求是弹性的. 当 $P=14$ 时,$Q=5$,这说明,在价格 $P=14$ 时,

若价格提高或降低1%,需求Q将由5起减少或增加1.4%;这时,若提高价格,总收益随之减少.

(2) 供给函数的弹性

若$Q=f(P)$为供给函数,则**供给的价格弹性定义**为

$$E_s=\frac{P}{Q}\frac{\mathrm{d}Q}{\mathrm{d}P}=P\frac{f'(P)}{f(P)}.$$

一般,因假设供给函数$Q=f(P)$是单调增加的,由于$f'(P)>0,P>0,f(P)>0$,所以**供给的价格弹性E_s取正值**.供给的价格弹性简称为**供给弹性**.

经济领域中的任何函数都可类似地定义弹性.

习 题 3.5

A 组

1. 设某厂每月生产的产品固定成本为1000元,生产Q件产品的可变成本为$0.01Q^2+10Q$元,若每件产品的售价为30元,试求:总成本函数,总收益函数,总利润函数,边际成本,边际收益及边际利润为零时的产量.

2. 设总成本函数$C(Q)=2000+0.004Q^2$(单位:元),求:

(1) 边际成本函数;

(2) 生产2000台产品时的平均成本和边际成本,并解释后者的经济意义.

3. 设某商品的需求函数为$Q=800-10P$,求边际收益函数,以及$Q=150,Q=400$时的边际收益.

4. 已知某商品需求函数为$Q=\mathrm{e}^{-\frac{P}{8}}$,求需求价格弹性$E_d$.

5. 设某商品的需求函数为$Q=120-3P$,求$P=20$时的需求价格弹性,并说明其经济意义.

6. 已知某种产品的供给函数为$Q=f(P)=-2+2P$,求价格为$P=5$时供给的价格弹性E_s,并说明它的经济意义.

B 组

1. 若将需求Q表示为收入M的函数

$$Q=f(M)\quad(\text{单调增函数}).$$

试定义需求收入弹性E_M,并说明E_M是取正值还是取负值.

2. 设需求收入函数为

$$Q=f(M)=A\mathrm{e}^{\frac{b}{M}},\quad A>0,b<0.$$

试求需求收入弹性.

§3.6 极值的经济应用

【学习本节要达到的目标】

会求解极值经济应用问题.

一、利润最大问题

利用微分法求解经济领域中的极值问题是微分学在经济决策和计量方面的重要应用,下面讨论利润最大、收益最大、平均成本最低、存货总费用最小问题. 先讨论利润最大问题.

若企业主以**利润最大为目标**而控制产量,则应**选择产量 Q 的值**,使目标函数,即利润函数

$$\pi=\pi(Q)=R(Q)-C(Q)$$

取最大值.

假若产量为 Q_0 时可达此目的,根据极值存在的必要条件和充分条件,应有

$$\left.\frac{\mathrm{d}\pi}{\mathrm{d}Q}\right|_{Q=Q_0}=R'(Q_0)-C'(Q_0)=0,$$

$$\left.\frac{\mathrm{d}^2\pi}{\mathrm{d}Q^2}\right|_{Q=Q_0}=R''(Q_0)-C''(Q_0)<0.$$

上二式可写为: 当 $Q=Q_0$ 时,

$$MR=MC, \tag{1}$$

$$\frac{\mathrm{d}(MR)}{\mathrm{d}Q}<\frac{\mathrm{d}(MC)}{\mathrm{d}Q}. \tag{2}$$

(1)式表明,边际收益等于边际成本;(2)式表明,边际成本的变化率大于边际收益的变化率. 综合(1)和(2)式,关于利润最大化有下述**结论**.

产量水平能使**边际成本等于边际收益**,且若再增加产量,**边际成本将大于边际收益时**,可获得最大利润.

例 1 某厂生产一批产品,其固定成本为 2000 元,每生产一吨产品的成本为 60 元,对这种产品的市场需求函数为 $Q=1000-10P$(单位: 吨). 试求:

(1) 成本函数,收益函数; (2) 产量为多少吨时利润最大?

解 (1) 成本函数为 $C(Q)=60Q+2000$. 由需求函数得价格函数 $P=100-0.1Q$,所以收益函数为

$$R(Q)=P\cdot Q=(100-0.1Q)\cdot Q=100Q-0.1Q^2.$$

(2) 利润函数

$$\begin{aligned}\pi(Q) &= R(Q) - C(Q) = 100Q - 0.1Q^2 - (60Q + 2000) \\ &= 40Q - 0.1Q^2 - 2000.\end{aligned}$$

由 $\pi'(Q)=40-0.2Q=0$ 得 $Q=200$；又 $\pi''(Q)=-0.2<0$，所以，当产量 $Q=200$ 吨时利润最大.

本例的(2)也可用上述(1)式和(2)式来求解如下：

因 $MC=60$，$MR=100-0.2Q$，由

$$MR = MC, \quad 即 \quad 100 - 0.2Q = 60, \quad 得 \quad Q = 200;$$

又 $\dfrac{\mathrm{d}(MR)}{\mathrm{d}Q}=-0.2<\dfrac{\mathrm{d}(MC)}{\mathrm{d}Q}=0$，所以，当产量 $Q=200$ 吨时利润最大.

二、收益最大问题

若企业主的**目标是获得最大收益**，这时，应以总收益函数 $R=P\cdot Q$ 为目标函数而**决策产量** Q **或决策产品的价格** P.

若产品以固定价格 P 销售，销售量越多，总收益越多，没有最大值问题. 现设需求函数 $Q=\varphi(P)$ 是单调减少的，则总收益函数为

$$R = R(Q) = \varphi^{-1}(Q)\cdot Q.$$

我们考虑这种情况下的最大值问题.

例 2 厂商的需求函数为 $Q=80-4P$，试求收益最大时的价格 P 与需求 Q.

解 由需求函数得价格函数 $P=20-\dfrac{1}{4}Q$，将总收益 R 表示为需求 Q 的函数

$$R = PQ = \left(20 - \frac{1}{4}Q\right)Q = 20Q - \frac{1}{4}Q^2.$$

由 $\dfrac{\mathrm{d}R}{\mathrm{d}Q}=20-\dfrac{1}{2}Q=0$，得 $Q=40$；又 $\dfrac{\mathrm{d}^2R}{\mathrm{d}Q^2}=-\dfrac{1}{2}<0$，所以，当需求 $Q=40$，$P=20-\dfrac{1}{4}\cdot 40=10$ 时，收益最大.

三、平均成本最低问题

设厂商的总成本函数为 $C=C(Q)$. 若厂商以**平均成本最低为目标**，而控制产量水平，这是求平均成本函数

$$AC = \frac{C(Q)}{Q}$$

的最小值问题.

例 3 设生产某种产品的总成本函数为

$$C(Q) = 100 + 6Q + \frac{Q^2}{4},$$

(1) 当产量 Q 是多少时,平均成本最低?并求最低平均成本;

(2) 平均成本最低时的边际成本,并与最低平均成本作比较.

解 由总成本函数得平均成本函数

$$AC=\frac{C(Q)}{Q}=\frac{100+6Q+\frac{Q^2}{4}}{Q}=\frac{1}{4}Q+6+\frac{100}{Q}.$$

由 $\frac{\mathrm{d}(AC)}{\mathrm{d}Q}=\frac{1}{4}-\frac{100}{Q^2}=0$ 可解得 $Q=20(Q=-20$ 舍去);又

$$\frac{\mathrm{d}^2(AC)}{\mathrm{d}Q^2}=\frac{200}{Q^3},\quad \left.\frac{\mathrm{d}^2(AC)}{\mathrm{d}Q^2}\right|_{Q=20}>0,$$

所以,当产出水平 $Q=20$ 时,平均成本最低.最低平均成本为

$$AC\mid_{Q=20}=\frac{1}{4}\cdot 20+6+\frac{100}{20}=16.$$

(2) 由总成本函数得边际成本函数

$$MC=6+\frac{1}{2}Q,$$

平均成本最低时的产出水平 $Q=20$,这时的边际成本为

$$MC\mid_{Q=20}=6+\frac{1}{2}\cdot 20=16.$$

由以上计算知,平均成本最低时的边际成本与最低平均成本相等,都为 16.

四、库存模型

存贮在社会的各个系统中都是一个重要问题.这里只讲述最简单的库存模型,即“成批到货,一致需求,不许缺货”的库存模型.所谓“成批到货”,就是工厂生产的每批产品,先整批存入仓库;“一致需求”,就是市场对这种产品的需求在单位时间内数量相同,因而产品由仓库均匀提取投放市场;“不许缺货”,就是当前一批产品由仓库提取完后,下一批产品立即进入仓库.

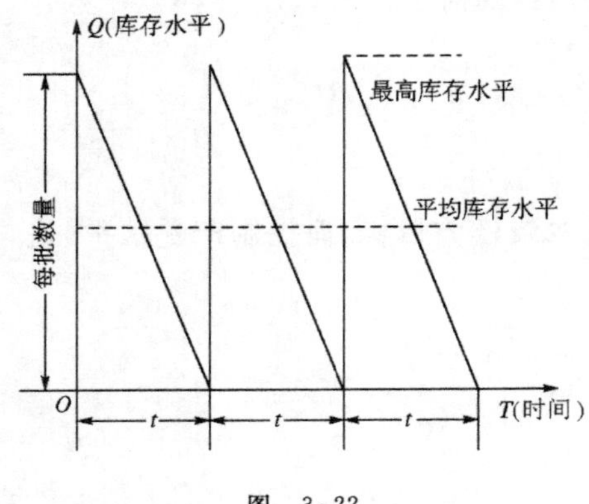

图 3-22

在这种假设下,仓库的库存水平变动情况如图 3-22 所示.并规定仓库的平均库存量为每批产量的一半.

现假设在一个计划期内:

(1) 工厂生产总量为 D;

(2) 分批投产,每次投产数量,即批量为 Q;

(3) 每批生产准备费为 C_1;

(4) 每件产品的库存费为 C_2，且按批量的一半，即 $\frac{Q}{2}$ 收取库存费；

(5) 存货总费用是生产准备费与库存费之和，记为 E.

我们的问题是：如何**决策每批的生产数量，即批量 Q，以使存货总费用 E 取最小值.**

先建立目标函数——总费用函数. 依题设，在一个计划期内

$$\text{库存费} = \text{每件产品的库存费} \times \text{批量的一半} = C_2 \cdot \frac{Q}{2},$$

$$\text{生产准备费} = \text{每批生产准备费} \times \text{生产批数} = C_1 \cdot \frac{D}{Q},$$

于是，总费用函数为

$$E = E(Q) = \frac{D}{Q}C_1 + \frac{Q}{2}C_2, \quad Q \in (0, D].$$

根据极值存在的必要条件，由

$$E'(Q) = -\frac{C_1 D}{Q^2} + \frac{C_2}{2} = 0, \tag{3}$$

可解得

$$Q_0 = \sqrt{\frac{2C_1 D}{C_2}}. \tag{4}$$

根据极值存在的充分条件：

$$E''(Q) = \frac{2C_1 D}{Q^3} > 0 \quad (\text{因 } D, C_1, Q \text{ 均为正数}),$$

所以，当批量 Q 由(4)式确定时，总费用最小，其值为

$$E = \frac{C_1 D}{Q_0} + \frac{C_2 Q_0}{2} = \sqrt{2DC_1C_2}.$$

表达式(4)式称为**"经济批量"**公式.

由(3)式可得

$$\frac{D}{Q}C_1 = \frac{Q}{2}C_2.$$

该式表明：在一个计划期内，**使库存费与生产准备费相等的批量是经济批量.**

在上述问题中，若把生产总量改为需求总量；把分批投产，每次投产数量，改为分批订购，每次订购数量；每批生产准备费改为每次订购费，则该问题就是：在一个计划期内，如何**决策每次订购数量，使订购费用与库存费用之和最小.**

例 4 某商店每月可销售某种商品 24000 件，每件商品每月的库存费为 4.8 元. 商店分批进货，每次订购费为 3600 元；市场对该商品一致需求，不许缺货. 试决策最优进货批量，并计算每月最小的订购费与库存费之和.

解 由题设知，$D=24000$ 件，$C_1=3600$ 元，$C_2=4.8$ 元.

每月最小总费用 E 与每批订购件数 Q 的关系为

$$E=\frac{24000}{Q}\cdot 3600+\frac{Q}{2}\cdot 4.8.$$

由(4)式,最优进货量

$$Q_0=\sqrt{\frac{2\cdot 3600\cdot 24000}{4.8}}=6000(\text{件}).$$

每月的最小总费用

$$E=\frac{24000}{6000}\cdot 3600+\frac{6000}{2}\cdot 4.8=14400+14400=28800(\text{元}).$$

习 题 3.6

A 组

1. 生产某种产品产量为 Q(单位:百台)时总成本函数为 $C(Q)=3+Q$(单位:万元),销售收益函数为 $R(Q)=6Q-\frac{1}{2}Q^2$(单位:万元),问产量为多少时利润最大?最大利润是多少?

2. 某厂生产某种产品的总成本函数为 $C(Q)=20+4Q+0.01Q^2$(单位:元),销售价格为 $P=14-0.01Q$(单位:元/件),问产量为多少时可使利润达到最大?最大利润是多少?

3. 某商品的需求函数为 $Q=75-P^2$,试确定商品的价格 P、需求 Q,以使总收益最大.

4. 一工厂生产某种产品,每月产量为 Q(单位:kg),总成本 $C=\frac{1}{2}Q^2+4Q+2450$(单位:元),试确定使平均成本最低的月产量.

5. 设某单位每年需要每千克 2 元的原料 10000 kg. 该单位分批进货,每次订货手续费是 40 元;每千克原料每年的库存费是库存原料价格的 10%. 该单位对原料一致需求,不许缺货.

(1) 写出总费用 E 作为每次订货量 Q 的函数;

(2) 求经济订货量.

6. 某厂每月生产某种材料 100 吨,分批生产,每批生产准备费 1000 元;每吨材料每月保管费为 500 元. 市场对该产品一致需求,不许缺货. 求最佳批量、最佳批次、最小存货总费用.

B 组

1. 一商店按批发价每件 6 元买进一批商品零售,若零售价每件定为 7 元,估计可卖出 100 件,若每件售价每降低 0.1 元,则可多卖出 50 件. 问商店应买进多少件,每件售价定为多少元时,才可获得最大利润?最大利润是多少?

2. 某旅行社组织风景区旅游团,若每团人数不超过 30 人,飞机票每张收费 900 元;若每团人数多于 30 人,则给予优惠,每多 1 人,机票每张减少 10 元,直至每张机票降为 450 元.

每团乘飞机，旅行社需付给航空公司包机费 15000 元.

(1) 写出飞机票的价格函数；

(2) 每团人数为多少时，旅行社可获得最大利润？最大利润是多少？

总习题三

1. 填空题：

(1) 函数 $y=3(x-1)^2$ 的单调增加区间是________.

(2) 当 $x=4$ 时，$y=x^2+px+q$ 取得极值，则 $p=$________.

(3) 曲线 $y=2\ln x+x^2-1$ 的拐点是________.

(4) 设某市场上白糖的需求函数是 $Q=10^{2.1}P^{-0.25}$，则需求价格弹性 $E_d=$________.

2. 单项选择题：

(1) 求 $\lim\limits_{x\to\infty}\dfrac{x-\sin x}{x+\sin x}$ 时，下列解法正确的是(　　).

(A) 用两次洛必达法则可求得：原式 $=\lim\limits_{x\to\infty}\dfrac{1-\cos x}{1+\cos x}=\lim\limits_{x\to\infty}\dfrac{\sin x}{-\sin x}=-1$

(B) 不能用洛必达法则，且极限不存在

(C) 原式 $=\lim\limits_{x\to\infty}\dfrac{1-\dfrac{\sin x}{x}}{1+\dfrac{\sin x}{x}}=\dfrac{1-0}{1+0}=1$

(D) 原式 $=\lim\limits_{x\to\infty}\dfrac{1-\dfrac{\sin x}{x}}{1+\dfrac{\sin x}{x}}=\dfrac{1-1}{1+1}=0$

(2) 以下结论正确的是(　　).

(A) 函数 $f(x)$ 的导数不存在的点，一定不是 $f(x)$ 的极值点

(B) 若 x_0 为函数 $f(x)$ 的驻点，则 x_0 必为 $f(x)$ 的极值点

(C) 若函数 $f(x)$ 在点 x_0 处有极值，且 $f'(x_0)$ 存在，则必有 $f'(x_0)=0$

(D) 若函数 $f(x)$ 在点 x_0 处连续，则 $f'(x_0)$ 一定存在

(3) 设函数 $f(x)$ 在区间 I 内总有 $f'(x)>0$，$f''(x)<0$，则曲线 $y=f(x)$ 在 I 内(　　).

(A) 上升且上凹　　(B) 上升且下凹　　(C) 下降且上凹　　(D) 下降且下凹

(4) 设函数 $f(x)$ 在闭区间 $[0,1]$ 上连续，在开区间 $(0,1)$ 内可导，且 $f'(x)>0$，则(　　).

(A) $f(0)<0$　　(B) $f(1)>0$　　(C) $f(1)>f(0)$　　(D) $f(1)<f(0)$

3. 求下列极限：

(1) $\lim\limits_{x\to1}\left(\frac{1}{\ln x}-\frac{1}{x-1}\right)$； (2) $\lim\limits_{x\to0}x(e^{\frac{1}{x}}-1)$.

4. 讨论函数 $f(x)=(x^2-4)^{\frac{2}{3}}$ 的单调区间和极值.

5. 讨论函数 $f(x)=\sqrt{3}x+2\sin x$ 在区间$[0,2\pi]$内的极值.

6. 求函数 $y=x^4-4x^2+6$ 在区间$[-3,3]$上的最大值和最小值.

7. 某单位要修建一个形如图 3-23 的场地，周围用墙围起来. 已知其建筑材料恰够砌高度一定、长度为 L 的围墙，试问此场地的半圆半径 r 和矩形的宽度 h 为多少时，才能使得场地的面积最大？最大面积是多少？

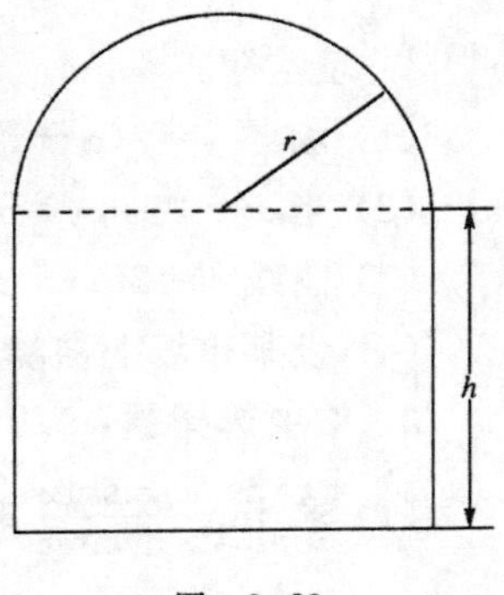

图 3-23

8. 求曲线 $y=xe^{-2x}$ 的凹向区间和拐点.

9. 设函数 $y=x^3e^{2x}$，求函数的弹性以及在 $x=2$ 处的弹性.

10. 已知某商品的需求函数和总成本函数分别为

$$Q=1000-100P,\quad C=1000+3Q.$$

问产量为多少个单位时，才能使利润达到最大？此时的价格是多少？

第四章 积分及其应用

不定积分与定积分构成了一元函数积分学的内容，二者既有区别，又有联系．本章讲述不定积分和定积分的概念、性质及基本计算方法；简要讲述无限区间上的广义积分和一阶线性微分方程的解法，并介绍积分学的简单应用．

§4.1　不定积分概念

【学习本节要达到的目标】

1．理解原函数与不定积分概念．
2．掌握不定积分的运算性质．
3．熟记基本积分公式．

一、不定积分概念

1．原函数定义

在第二章，我们所学过的**微分法**是：已知一个函数，欲求其导函数．那么，与之相反的问题则是：欲求一个未知的函数，而其导函数恰是一个已知的函数．

例如，若已知函数 $F(x)=\sin x$，欲求它的导函数，则是

$$F'(x)=(\sin x)'=\cos x=f(x), \tag{1}$$

即 $\cos x$ 是函数 $\sin x$ 的导函数．这个问题是：已知函数 $F(x)$，欲求它的导函数 $F'(x)=f(x)$．

现在的问题是：已知函数 $\cos x$，欲求一个函数，使其导函数恰是 $\cos x$．即已知导函数 $F'(x)=f(x)$，要还原函数 $F(x)$．显然，这是微分法的逆问题．

在等式(1)中，称 $\cos x$ 是函数 $\sin x$ 的**导函数**；称 $\sin x$ 是函数 $\cos x$ 的**一个原函数**．

这类由已知导函数 $F'(x)=f(x)$，求原来的函数 $F(x)$ 的运算称为

积分法.

定义 1 在某区间 I 上,若有

$$F'(x) = f(x) \quad \text{或} \quad \mathrm{d}F(x) = f(x)\mathrm{d}x,$$

则称函数 $F(x)$ 是函数 $f(x)$ 在**区间 I 上的一个原函数**.

例如,因为

$$(\arctan x)' = \frac{1}{1+x^2}, \quad x \in (-\infty, +\infty),$$

所以,$\arctan x$ 是函数 $\frac{1}{1+x^2}$ 在区间 $(-\infty, +\infty)$ 上的一个原函数.

设 C 是任意常数,因为

$$(\arctan x + C)' = \frac{1}{1+x^2}, \quad x \in (-\infty, +\infty),$$

所以,$\arctan x + C$ 也是 $\frac{1}{1+x^2}$ 在区间 $(-\infty, +\infty)$ 上的原函数. 由于 C 每取定一个实数,就得到 $\frac{1}{1+x^2}$ 的一个原函数,从而 $\frac{1}{1+x^2}$ 有**无穷多个原函数**.

由原函数定义和前述例子可知,一个函数若有原函数,则一定有无穷多个原函数,并且这些不同的原函数之间彼此**仅相差一个常数**.

设 $F(x)$ 是函数 $f(x)$ 的一个原函数,则函数 $f(x)$ 的所有原函数的**一般表达式**为

$$F(x) + C \quad (C \text{ 为任意常数}).$$

由此,有下述**不定积分定义**.

2. 不定积分定义

定义 2 函数 $f(x)$ 的所有原函数,称为 $f(x)$ 的**不定积分**,记为 $\int f(x)\mathrm{d}x$. 若 $F(x)$ 是函数 $f(x)$ 的一个原函数,C 为任意常数,则有

$$\int f(x)\mathrm{d}x = F(x) + C,$$

其中符号 $\int$ 称为**积分号**,x 称为**积分变量**,$f(x)$ 称为**被积函数**,$f(x)\mathrm{d}x$ 称为**被积表达式**,C 称为**积分常数**.

由该定义可知,求 $f(x)$ 的不定积分 $\int f(x)\mathrm{d}x$,就是求 $f(x)$ 的全体原函数,也就是求出 $f(x)$ 的一个原函数再加上积分常数.

由于求不定积分与求导数或求微分互为逆运算,即有下述**关系式**:

$$\frac{\mathrm{d}}{\mathrm{d}x}\left[\int f(x)\mathrm{d}x\right] = f(x) \quad \text{或} \quad \mathrm{d}\left[\int f(x)\mathrm{d}x\right] = f(x)\mathrm{d}x,$$

$$\int F'(x)\mathrm{d}x = F(x) + C \quad 或 \quad \int \mathrm{d}F(x) = F(x) + C.$$

这里，第一个等式表明一个函数 $f(x)$ 先进行不定积分运算，再进行微分运算，其结果仍为 $f(x)$；第二个等式表明一个函数 $F(x)$ 先进行微分运算，再进行不定积分运算，得到的不是这一个函数 $F(x)$，而是一族函数，必须加上一个任意常数 C.

例 1 求不定积分 $\int x^3 \mathrm{d}x$.

解 由于 $\left(\frac{1}{4}x^4\right)' = x^3$，所以 $\frac{1}{4}x^4$ 是 x^3 的一个原函数. 于是

$$\int x^3 \mathrm{d}x = \frac{1}{4}x^4 + C.$$

一般地，当 $\alpha \neq -1$ 时，由于

$$\left(\frac{1}{\alpha+1}x^{\alpha+1}\right)' = \frac{1}{\alpha+1}(\alpha+1)x^{\alpha} = x^{\alpha},$$

所以，有

$$\int x^{\alpha}\mathrm{d}x = \frac{1}{\alpha+1}x^{\alpha+1} + C \quad (\alpha \neq -1).$$

例 2 求不定积分 $\int \frac{1}{x}\mathrm{d}x$.

解 被积函数 $f(x) = \frac{1}{x}$ 在区间 $(-\infty, 0) \cup (0, +\infty)$ 上有定义.

当 $x > 0$ 时，因为 $(\ln x)' = \frac{1}{x}$，所以

$$\int \frac{1}{x}\mathrm{d}x = \ln x + C;$$

当 $x < 0$ 时，因为 $[\ln(-x)]' = \frac{1}{(-x)}(-x)' = \frac{1}{(-x)}(-1) = \frac{1}{x}$，所以

$$\int \frac{1}{x}\mathrm{d}x = \ln(-x) + C.$$

将上面两式合并在一起写，当 $x \neq 0$ 时，就有

$$\int \frac{1}{x}\mathrm{d}x = \ln|x| + C.$$

例 3 验证等式 $\int \sec x \mathrm{d}x = \ln|\sec x + \tan x| + C$ 成立.

解 依据不定积分定义，只要验证等式右端函数的导数是左端的被积函数即可.

当 $(\sec x + \tan x) > 0$ 时，由于

$$[\ln(\sec x + \tan x)]' = \frac{1}{\sec x + \tan x}(\sec x \cdot \tan x + \sec^2 x) = \sec x,$$

所以，已给等式成立.

当$(\sec x+\tan x)<0$时，类似地可以验证已给等式成立.

综上所述，已给等式成立.

例 4　设一曲线，其上任一点处的切线斜率等于这点横坐标的两倍，且曲线过点(2,0)，求该曲线方程.

解　设所求曲线方程为$y=F(x)$，由题设及导数的几何意义，即有

$$y'=F'(x)=2x.$$

因

$$\int 2x\mathrm{d}x=x^2+C,$$

而$y=x^2+C$表示一族平行曲线. 将$x=2, y=0$代入这一族曲线方程中，得$C=-4$. 于是，所求曲线方程为

$$y=x^2-4.$$

二、不定积分的运算性质

性质 1　代数和的不定积分等于不定积分的代数和，即

$$\int[f(x)\pm g(x)]\mathrm{d}x=\int f(x)\mathrm{d}x\pm\int g(x)\mathrm{d}x.$$

性质 2　被积函数中不为 0 的常数因子k可以移到积分号前面，即

$$\int kf(x)\mathrm{d}x=k\int f(x)\mathrm{d}x.$$

三、基本积分公式

进行积分运算，必须以牢记一些积分公式为基础. 这里，我们列出常用的积分公式，作为**基本积分公式**.

1. $\int 0\,\mathrm{d}x=C$;

2. $\int x^\alpha\,\mathrm{d}x=\frac{1}{\alpha+1}x^{\alpha+1}+C\ (\alpha\neq-1)$;

3. $\int\frac{1}{x}\,\mathrm{d}x=\ln|x|+C$;

4. $\int a^x\,\mathrm{d}x=\frac{a^x}{\ln a}+C\ (a>0, a\neq1)$;

5. $\int \mathrm{e}^x\,\mathrm{d}x=\mathrm{e}^x+C$;

6. $\int\sin x\mathrm{d}x=-\cos x+C$;

7. $\int\cos x\mathrm{d}x=\sin x+C$;

8. $\int\sec^2 x\mathrm{d}x=\int\frac{1}{\cos^2 x}\mathrm{d}x=\tan x+C$;

9. $\int\csc^2 x\mathrm{d}x=\int\frac{1}{\sin^2 x}\mathrm{d}x=-\cot x+C$;

10. $\int\sec x\tan x\mathrm{d}x=\sec x+C$;

11. $\int\csc x\cot x\mathrm{d}x=-\csc x+C$;

12. $\int\frac{1}{\sqrt{1-x^2}}\mathrm{d}x=\arcsin x+C=-\arccos x+C$;

13. $\int \frac{1}{1+x^2}\mathrm{d}x = \arctan x + C = -\operatorname{arccot} x + C$;

14. $\int \tan x\mathrm{d}x = -\ln|\cos x| + C$;

15. $\int \cot x\mathrm{d}x = \ln|\sin x| + C$;

16. $\int \sec x\mathrm{d}x = \ln|\sec x + \tan x| + C$;

17. $\int \csc x\mathrm{d}x = \ln|\csc x - \cot x| + C$;

18. $\int \frac{1}{a^2+x^2}\,\mathrm{d}x = \frac{1}{a}\arctan\frac{x}{a} + C$;

19. $\int \frac{1}{a^2-x^2}\,\mathrm{d}x = \frac{1}{2a}\ln\left|\frac{a+x}{a-x}\right| + C$;

20. $\int \frac{1}{x^2-a^2}\,\mathrm{d}x = \frac{1}{2a}\ln\left|\frac{x-a}{x+a}\right| + C$;

21. $\int \frac{1}{\sqrt{a^2-x^2}}\,\mathrm{d}x = \arcsin\frac{x}{a} + C$;

22. $\int \frac{1}{\sqrt{x^2+a^2}}\,\mathrm{d}x = \ln|x+\sqrt{x^2+a^2}| + C$;

23. $\int \frac{1}{\sqrt{x^2-a^2}}\,\mathrm{d}x = \ln|x+\sqrt{x^2-a^2}| + C$.

在上述公式中，前 13 个公式可由基本初等函数的导数公式直接得到.后 10 个公式，可以按例 3 那样验证它们成立，我们也将在§4.4 中推导其中的一部分.

直接用基本积分公式和不定积分的运算性质，有时须先将被积函数进行代数恒等变形或三角恒等变形，便可求得一些函数的不定积分.

例 5 求不定积分 $\int\left(2x+\mathrm{e}^x+\frac{1}{x^2}-2^x\right)\mathrm{d}x$.

解 由不定积分的运算性质和基本积分公式，得

$$
\begin{aligned}
\text{原式} &= 2\int x\mathrm{d}x + \int \mathrm{e}^x\mathrm{d}x + \int\frac{1}{x^2}\mathrm{d}x - \int 2^x\mathrm{d}x \\
&= 2\cdot\frac{1}{1+1}x^{1+1} + \mathrm{e}^x + \frac{1}{-2+1}x^{-2+1} - \frac{1}{\ln 2}2^x + C \\
&= x^2 + \mathrm{e}^x - \frac{1}{x} - \frac{1}{\ln 2}2^x + C.
\end{aligned}
$$

例 6 求不定积分 $\int\frac{2x^2}{1+x^2}\,\mathrm{d}x$.

解 先将被积函数进行代数恒等变形：$x^2=x^2+1-1$，并将被积函数分项，再用基本积分公式.

$$
\text{原式} = 2\int\frac{x^2+1-1}{1+x^2}\mathrm{d}x = 2\left[\int\mathrm{d}x - \int\frac{1}{1+x^2}\mathrm{d}x\right] = 2(x-\arctan x)+C.
$$

例 7 求 $\int\tan^2 x\mathrm{d}x$.

解 注意到公式：$\tan^2 x = \sec^2 x - 1$.先将被积函数经三角恒等变形，再用基本积分公式.

$$原式=\int(\sec^2x-1)\mathrm{d}x=\tan x-x+C.$$

例 8 求不定积分 $\int\sin^2\frac{x}{2}\mathrm{d}x$.

解 利用三角函数的降幂公式：$\sin^2\frac{x}{2}=\frac{1}{2}(1-\cos x)$，得

$$原式=\frac{1}{2}\int(1-\cos x)\mathrm{d}x=\frac{1}{2}(x-\sin x)+C.$$

习 题 4.1

A 组

1. 填空题：

(1) 设 a^x 是函数 $f(x)$ 的一个原函数，则 $f(x)=$ ________，$\int f(x)\mathrm{d}x=$ ________.

(2) 设 $f(x)=\sin x+\frac{1}{\sqrt{1-x^2}}$，则 $\frac{\mathrm{d}}{\mathrm{d}x}\left[\int f(x)\mathrm{d}x\right]=$ ________，$\int f'(x)\mathrm{d}x=$ ________，$\int f(x)\mathrm{d}x=$ ________.

2. 用不定积分定义验证下列等式成立：

(1) $\int\frac{1}{a^2+x^2}\mathrm{d}x=\frac{1}{a}\arctan\frac{x}{a}+C$；　　(2) $\int\frac{1}{\sqrt{a^2-x^2}}\mathrm{d}x=\arcsin\frac{x}{a}+C$.

3. 求下列不定积分：

(1) $\int\left(1-\frac{2}{x}+\frac{3}{x^3}\right)\mathrm{d}x$；　　(2) $\int\frac{(x+1)^2}{\sqrt{x}}\mathrm{d}x$；　　(3) $\int\frac{2x^4}{1+x^2}\mathrm{d}x$；

(4) $\int\frac{1}{x^2(1+x^2)}\mathrm{d}x$；　　(5) $\int\frac{x-9}{\sqrt{x}+3}\mathrm{d}x$；　　(6) $\int\frac{\sqrt{1+x^2}}{\sqrt{1-x^4}}\mathrm{d}x$；

(7) $\int 2^x\cdot3^x\cdot4^x\mathrm{d}x$；　　(8) $\int\cot^2x\mathrm{d}x$；　　(9) $\int\cos^2\frac{x}{2}\mathrm{d}x$；

(10) $\int\sec x(\sec x-\tan x)\mathrm{d}x$；　　(11) $\int\frac{\cos2x}{\cos x+\sin x}\mathrm{d}x$；　　(12) $\int\frac{1}{\sin^2x\cos^2x}\mathrm{d}x$.

4. 已知曲线在任一点 (x,y) 处的切线斜率为 $\frac{1}{2\sqrt{x}}$，且曲线过点 $(4,3)$，求此曲线方程.

B 组

1. 设函数 $f(x)$ 的导数是 a^x，求 $\int f(x)\mathrm{d}x$.

2. 设 $f(x)=\ln x$，求 $\int e^{2x}f'(e^x)dx$.

§4.2 定积分概念

【学习本节要达到的目标】

1. 了解定积分概念.
2. 掌握定积分的几何意义.

一、问题的提出

我们从几何学中的面积问题引进定积分概念.

我们知道，矩形是**直边四边形**. 若把矩形的长看成底边，宽看成高，由于高是不变的，其面积由下式计算：

$$\text{矩形面积 } A = \text{底边长} \times \text{高度}.$$

现在的问题是要计算曲边梯形的面积.

由连续曲线 $y=f(x)(\geqslant 0)$，直线 $x=a$, $x=b(a<b)$ 和 $y=0$(即 x 轴)所围成的平面图形 $abCD$ 称为**曲边梯形**. 如图 4-1 所示.

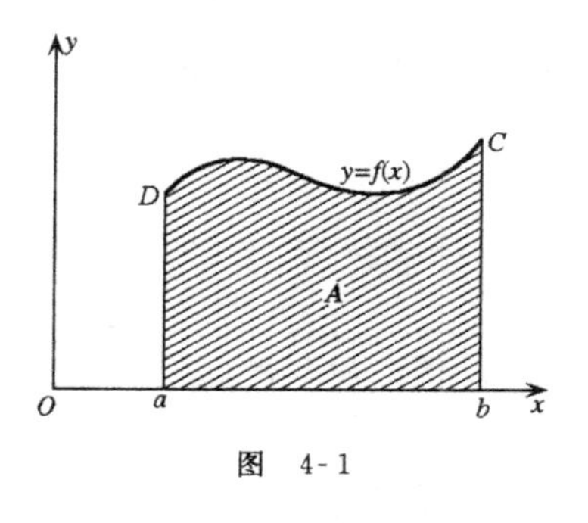

图 4-1

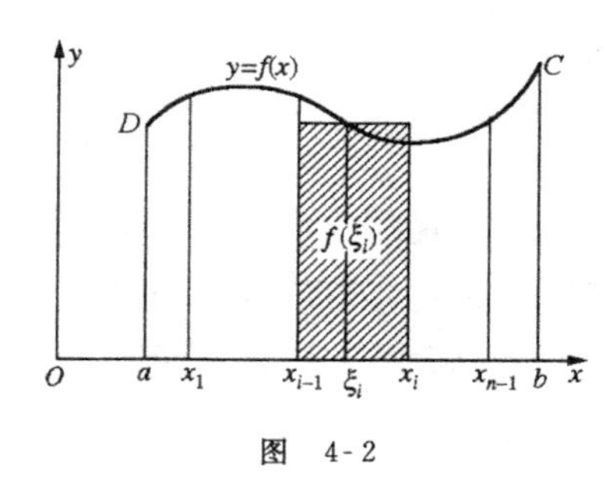

图 4-2

这个四边形有一条边为**曲边** $y=f(x)$，$f(x)$可以理解为曲边梯形的高，由于高是变动的，所以不能用初等数学方法计算面积. **按下述程序计算曲边梯形的面积** A.

(1) **分割**——分曲边梯形为 n 个小曲边梯形

任意选取分点(图 4-2)

$$a = x_0 < x_1 < x_2 < \cdots < x_{n-1} < x_n = b,$$

把区间$[a,b]$分成 n 个小区间$[x_0,x_1]$，$[x_1,x_2]$，…，$[x_{n-1},x_n]$，每个小区间的长度是

$$\Delta x_i = x_i - x_{i-1}, \quad i = 1,2,\cdots,n,$$

其中最长的记为 Δx，即 $\Delta x=\max\limits_{1\leqslant i\leqslant n}\{\Delta x_i\}$.

过各分点作 x 轴的垂线，这样，原曲边梯形就被分成 n 个小曲边梯形(图 4-2). 第 i 个小曲边梯形的面积记为

$$\Delta A_i,\quad i=1,2,\cdots,n.$$

(2) **近似代替**——用小矩形的面积代替小曲边梯形的面积

在每一个小区间$[x_{i-1},x_i](i=1,2,\cdots,n)$上任选一点 ξ_i，用与小曲边梯形同底，以 $f(\xi_i)$ 为高的小矩形的面积 $f(\xi_i)\Delta x_i$ 近似代替小曲边梯形的面积(图 4-2). 这时有

$$\Delta A_i \approx f(\xi_i)\Delta x_i,\quad i=1,2,\cdots,n.$$

(3) **求和**——求 n 个小矩形面积之和

n 个小矩形构成的阶梯形的面积 $\sum\limits_{i=1}^{n} f(\xi_i)\Delta x_i$，是原曲边梯形面积的一个近似值(图 4-2)，即有

$$A=\sum_{i=1}^{n}\Delta A_i \approx \sum_{i=1}^{n} f(\xi_i)\Delta x_i.$$

(4) **取极限**——由近似值过渡到精确值

分割区间$[a,b]$的点数越多，即 n 越大，且每个小区间的长度 Δx_i 越短，即分割越细，阶梯形的面积，即和数 $\sum\limits_{i=1}^{n} f(\xi_i)\Delta x_i$ 与曲边梯形面积 A 的误差越小. 但不管 n 多大，只要取定为有限数，上述和数都只能是面积 A 的近似值. 现将区间$[a,b]$无限地细分下去，并使每个小区间的长度 Δx_i 都趋于零($\Delta x\to 0$)，这时，和数的极限就是原曲边梯形面积的精确值

$$A=\lim_{\Delta x\to 0}\sum_{i=1}^{n} f(\xi_i)\Delta x_i. \tag{1}$$

我们看到，曲边梯形的面积是用一个和式的极限(1)式来表达的，这是无限项相加. 计算方法是：**分割取近似，求和取极限**，即

先求阶梯形的面积：在局部范围内，**以直代曲**，即以直线段代替曲线段，求得阶梯形的面积，它是曲边梯形面积的近似值；

再求曲边梯形的面积：通过取极限，**由有限过渡到无限**，即对区间$[a,b]$由有限分割过渡到无限细分，阶梯形变为曲边梯形，从而得到曲边梯形的面积.

事实上，很多实际问题的解决都采取这种"分割取近似，求和取极限"的方法，并且都归结为上述结构和式的极限(1)式. 现抛开问题的实际意义，只从**数量关系上加以概括和抽象，便得到了定积分概念**.

二、定积分概念

1. 定积分定义

定义 设函数 $f(x)$在闭区间$[a,b]$上有定义，用分点

$$a = x_0 < x_1 < x_2 < \cdots < x_{n-1} < x_n = b$$

把区间$[a,b]$任意分割成 n 个小区间$[x_{i-1}, x_i]$ $(i=1,2,\cdots,n)$，其长度

$$\Delta x_i = x_i - x_{i-1} \quad (i = 1,2,\cdots,n),$$

并记 $\Delta x=\max\limits_{1\leqslant i\leqslant n}\{\Delta x_i\}$. 在每个小区间$[x_{i-1},x_i]$上任取一点 ξ_i，作乘积的和式(称积分和)

$$\sum_{i=1}^{n} f(\xi_i)\Delta x_i.$$

当 $\Delta x\to 0$ 时，若上述和式的极限存在，且这极限与区间$[a,b]$的分法无关，与点 ξ_i 的取法无关，则称函数 $f(x)$在$[a,b]$上**是可积的**，并称**此极限**为函数 $f(x)$在$[a,b]$上的**定积分**，记为 $\int_a^b f(x)\mathrm{d}x$，即

$$\int_a^b f(x)\mathrm{d}x = \lim_{\Delta x\to 0}\sum_{i=1}^{n} f(\xi_i)\Delta x_i,$$

其中，符号 $\int$ 称为**积分号**，x 称为**积分变量**，$f(x)$称为**被积函数**，$f(x)\mathrm{d}x$ 称为**被积表达式**，a 称为**积分下限**，b 称为**积分上限**，$[a,b]$称为**积分区间**.

由上述定义知，定积分 $\int_a^b f(x)\mathrm{d}x$ 表示**一个数值**，这个值取决于被积函数 $f(x)$和积分区间$[a,b]$. 而与积分变量用什么字母**无关**，即

$$\int_a^b f(x)\mathrm{d}x = \int_a^b f(t)\mathrm{d}t.$$

还有，在定积分记号 $\int_a^b f(x)\mathrm{d}x$ 中，是假设 $a<b$，但实际上，定积分的上下限的大小是不受限制的，不过在颠倒积分上下限时，必须**改变定积分的符号**：

$$\int_a^b f(x)\mathrm{d}x = -\int_b^a f(x)\mathrm{d}x.$$

特别地，有

$$\int_a^a f(x)\mathrm{d}x = 0.$$

关于什么样的函数 $f(x)$在闭区间$[a,b]$上可积的问题，仅给出如下**结论**：

若函数 $f(x)$在闭区间$[a,b]$上**连续**，则 $f(x)$在$[a,b]$上**可积**.

但须注意，在有限区间上，**函数连续是可积的充分条件，而不是必要条件**.

2. 定积分的几何意义

按定积分的定义，由连续曲线 $y=f(x)\geqslant 0$，直线 $x=a$，$x=b(a<b)$和 x 轴所围成的曲边梯形，其面积 A 是作为曲边的函数 $y=f(x)$在区间$[a,b]$上的定积分

$$A = \int_a^b f(x)\mathrm{d}x.$$

特别地，在区间$[a,b]$上，若 $f(x)\equiv 1$，则

$$\int_a^b f(x)\mathrm{d}x=\int_a^b \mathrm{d}x=b-a.$$

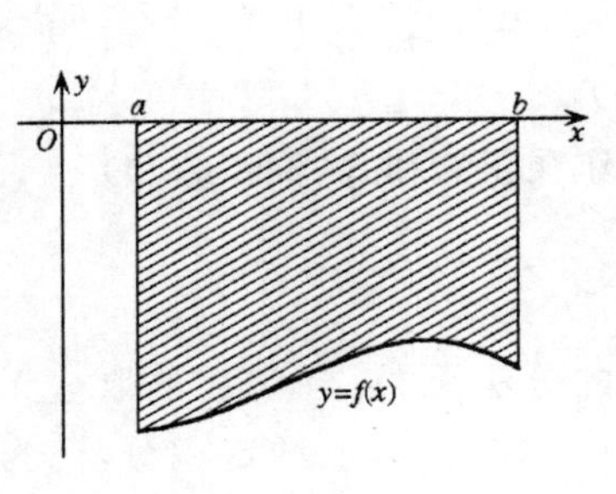

图 4-3

当 $f(x)\leqslant 0$ 时，由曲线 $y=f(x)$，直线 $x=a,x=b$ 和 x 轴所围成的平面图形是倒挂在 x 轴上的曲边梯形(图 4-3). 这时，定积分 $\int_a^b f(x)\mathrm{d}x$ 在几何上表示曲边梯形面积的负值. 若以 A 记曲边梯形的面积，则

$$A=-\int_a^b f(x)\mathrm{d}x.$$

当 $f(x)$在区间$[a,b]$上有正有负时，如图 4-4 所示，定积分 $\int_a^b f(x)\mathrm{d}x$ 在几何上表示，有阴影各个部分面积的代数和. 若以 A 记有阴影部分的面积，则

$$A=\int_a^b |f(x)|\mathrm{d}x=\int_a^c f(x)\mathrm{d}x-\int_c^d f(x)\mathrm{d}x+\int_d^b f(x)\mathrm{d}x.$$

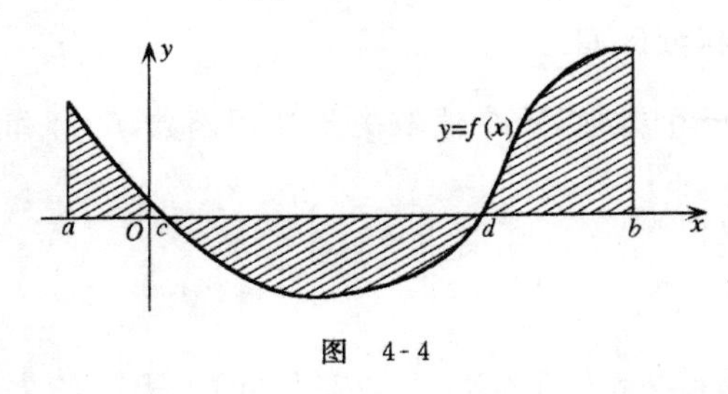

图 4-4

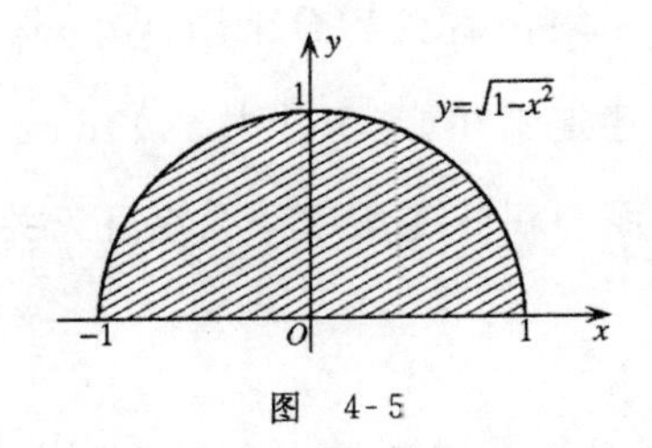

图 4-5

例 用几何图形说明等式 $\int_{-1}^1 \sqrt{1-x^2}\mathrm{d}x=\frac{\pi}{2}$ 成立.

解 曲线 $y=\sqrt{1-x^2},x\in[-1,1]$是单位圆在 x 轴上方的部分(图 4-5). 按定积分的几何意义，上半圆的面积正是作为曲边的函数 $y=\sqrt{1-x^2}$ 在区间$[-1,1]$上的定积分；而上半圆的面积是$\frac{\pi}{2}$，故有等式

$$\int_{-1}^1 \sqrt{1-x^2}\mathrm{d}x=\frac{\pi}{2}.$$

习 题 4.2

A 组

1. 判断下列结论对否：

(1) $\int_a^b f(x)\mathrm{d}x=\int_a^b f(u)\mathrm{d}u$； (2) 若 $\int_a^b f(x)\mathrm{d}x=\int_b^a f(x)\mathrm{d}x$，则 $\int_a^b f(x)\mathrm{d}x=0$.

2. 用定积分的几何意义，说明下列各式对否：

(1) $\int_0^{\pi}\sin x\mathrm{d}x>0$；　　(2) $\int_0^{\pi}\cos x\mathrm{d}x=0$；

(3) $\int_0^1 x\mathrm{d}x=\frac{1}{2}$；　　(4) $\int_0^a\sqrt{a^2-x^2}=\frac{\pi a^2}{4}$.

B　组

1. 在区间$[a,b]$上，若 $f(x)>0, f'(x)>0$，试用几何图形说明下式成立：

$$f(a)(b-a)<\int_a^b f(x)\mathrm{d}x<f(b)(b-a).$$

2. 在区间$[a,b]$上，若 $f(x)>0, f'(x)>0, f''(x)<0$，试用几何图形说明下式成立：

$$(b-a)\frac{f(a)+f(b)}{2}<\int_a^b f(x)\mathrm{d}x<(b-a)f(b).$$

§4.3　定积分的性质及微积分基本公式

【学习本节要达到的目标】

1. 掌握定积分的性质.
2. 掌握奇偶函数计算定积分的简要公式.
3. 熟练掌握牛顿-莱布尼茨公式.

一、定积分的基本性质

以下均假设所讨论的被积函数在给定的区间上是可积的；在作几何说明时，又假设被积函数是非负的. 定积分的基本性质如下：

1. 运算性质

(1) 代数和的定积分等于定积分的代数和，即

$$\int_a^b[f(x)\pm g(x)]\mathrm{d}x=\int_a^b f(x)\mathrm{d}x\pm\int_a^b g(x)\mathrm{d}x.$$

(2) 常数因子 k 可以移到积分符号前，即

$$\int_a^b kf(x)\mathrm{d}x=k\int_a^b f(x)\mathrm{d}x.$$

2. 对积分区间的可加性质

对任意三个数 a,b,c，总有

$$\int_a^b f(x)\mathrm{d}x=\int_a^c f(x)\mathrm{d}x+\int_c^b f(x)\mathrm{d}x. \tag{1}$$

对(1)式我们作几何说明.

(1) 当 $a<c<b$ 时，由定积分的几何意义(图 4-6)可知

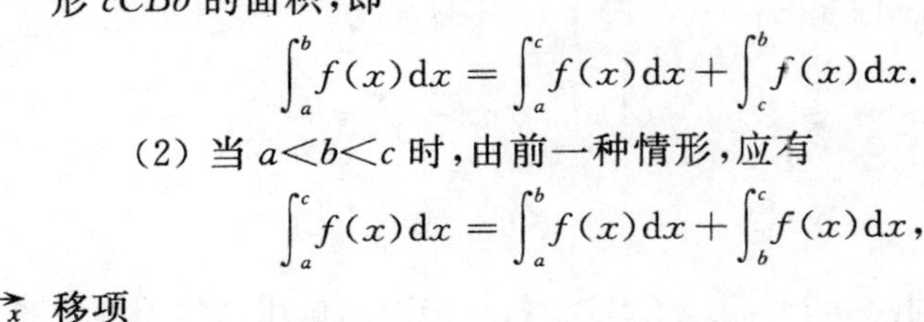

图 4-6

曲边梯形 $aABb$ 的面积＝曲边梯形 $aACc$ 的面积＋曲边梯形 $cCBb$ 的面积，即

$$\int_a^b f(x)\mathrm{d}x = \int_a^c f(x)\mathrm{d}x + \int_c^b f(x)\mathrm{d}x.$$

(2) 当 $a<b<c$ 时，由前一种情形，应有

$$\int_a^c f(x)\mathrm{d}x = \int_a^b f(x)\mathrm{d}x + \int_b^c f(x)\mathrm{d}x,$$

移项

$$\int_a^b f(x)\mathrm{d}x = \int_a^c f(x)\mathrm{d}x - \int_b^c f(x)\mathrm{d}x.$$

对等式右端的第二个积分，交换上、下限，有

$$\int_a^b f(x)\mathrm{d}x = \int_a^c f(x)\mathrm{d}x + \int_c^b f(x)\mathrm{d}x.$$

其他情形可类似推出.

例 1 用定积分的几何意义说明下列各式成立：

(1) $\int_{-\frac{\pi}{2}}^{\frac{\pi}{2}} \sin x\mathrm{d}x = 0$；　　(2) $\int_{-\frac{\pi}{2}}^{\frac{\pi}{2}} \cos x\mathrm{d}x = 2\int_0^{\frac{\pi}{2}} \cos x\mathrm{d}x$.

解 (1) 如图 4-7 所示，曲边三角形（曲边梯形的特殊情况）OaA 与曲边三角形 ObB 的面积相等. 根据定积分对积分区间的可加性质及定积分的几何意义

$$\int_{-\frac{\pi}{2}}^{\frac{\pi}{2}} \sin x\mathrm{d}x = \int_{-\frac{\pi}{2}}^{0} \sin x\mathrm{d}x + \int_0^{\frac{\pi}{2}} \sin x\mathrm{d}x = 0.$$

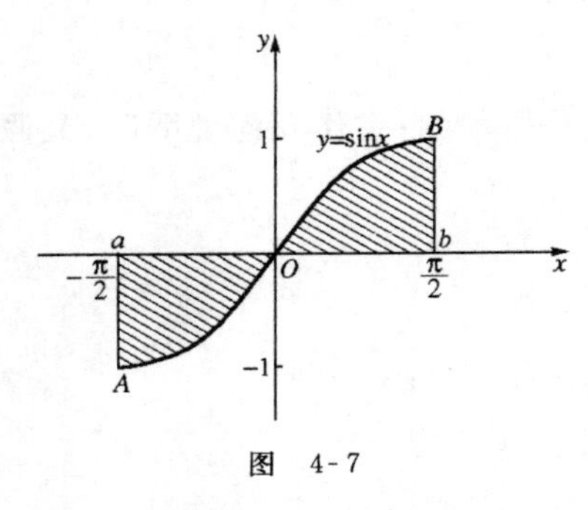

图 4-7

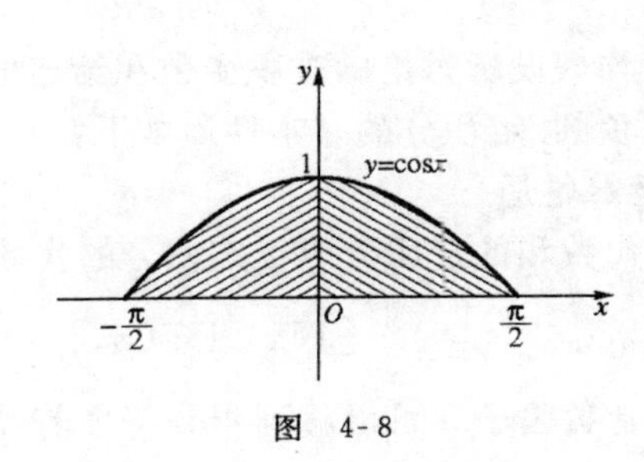

图 4-8

(2) 如图 4-8 所示. 与(1)同样理由，有

$$\int_{-\frac{\pi}{2}}^{\frac{\pi}{2}} \cos x\mathrm{d}x = \int_{-\frac{\pi}{2}}^{0} \cos x\mathrm{d}x + \int_0^{\frac{\pi}{2}} \cos x\mathrm{d}x = 2\int_0^{\frac{\pi}{2}} \cos x\mathrm{d}x.$$

注意到函数 $y=\sin x$ 和 $y=\cos x$ 在对称区间 $\left[-\frac{\pi}{2},\frac{\pi}{2}\right]$ 上分别为奇函数和偶函数，对此，有如下**一般性结论**：

设函数 $f(x)$ 在对称区间 $[-a,a]$ 上连续：

(1) 若 $f(x)$是奇函数,即 $f(-x)=-f(x)$,则 $\int_{-a}^{a} f(x)\mathrm{d}x = 0$;

(2) 若 $f(x)$是偶函数,即 $f(-x)=f(x)$,则 $\int_{-a}^{a} f(x)\mathrm{d}x = 2\int_{0}^{a} f(x)\mathrm{d}x$.

3. 比较性质

若函数 $f(x)$和 $g(x)$在区间$[a,b]$上总有 $f(x)\leqslant g(x)$,则

$$\int_a^b f(x)\mathrm{d}x \leqslant \int_a^b g(x)\mathrm{d}x.$$

由图 4-9 知上述结论成立,即

曲边梯形 $aABb$ 的面积 $\leqslant$ 曲边梯形 aA_1B_1b 的面积.

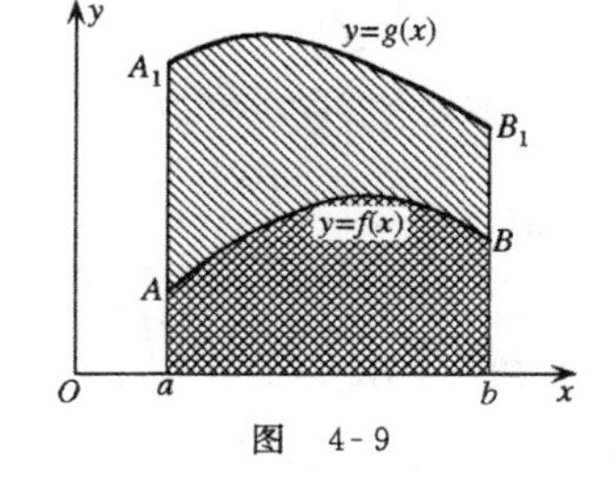

图 4-9

例 2 比较下列定积分的大小:

(1) $\int_0^1 \mathrm{e}^x\mathrm{d}x$ 与 $\int_0^1 \mathrm{e}^{x^2}\mathrm{d}x$; (2) $\int_3^4 \ln x\mathrm{d}x$ 与 $\int_3^4 \ln^2 x\mathrm{d}x$.

解 (1) 在区间$[0,1]$上,因 $x\geqslant x^2$,而 e^x 是增函数,即 $\mathrm{e}^x\geqslant \mathrm{e}^{x^2}$,故

$$\int_0^1 \mathrm{e}^x\mathrm{d}x \geqslant \int_0^1 \mathrm{e}^{x^2}\mathrm{d}x.$$

(2) 在区间$[3,4]$上,因 $\ln x>1$,所以 $\ln x\leqslant \ln^2 x$,故

$$\int_3^4 \ln x\mathrm{d}x \leqslant \int_3^4 \ln^2 x\mathrm{d}x.$$

二、牛顿-莱布尼茨公式

下面给出计算定积分的基本公式.

微积分基本公式 若函数 $f(x)$在闭区间$[a,b]$上连续,$F(x)$是 $f(x)$在$[a,b]$上的一个原函数,则

$$\int_a^b f(x)\mathrm{d}x = F(b)-F(a). \tag{2}$$

这个公式称为**牛顿(Newton)-莱布尼茨(Leibniz)公式**. 通常以 $F(x)\Big|_a^b$ 表示 $F(b)-F(a)$,故公式(2)可写为

$$\int_a^b f(x)\mathrm{d}x = F(x)\Big|_a^b.$$

公式(2)阐明了定积分与被积函数的原函数之间的关系:**连续函数在闭区间$[a,b]$上的定积分等于它的任一个原函数在积分上限与积分下限的函数值之差**. 这样,就把求定积分的问题转化为求被积函数的原函数的问题.

公式(2)是微积分学的一个基本公式,通常也称公式(2)为**微积分基本公式**.

例 3 求定积分$\int_{-2}^{2} e^x dx$.

解 因e^x是e^x的一个原函数，所以由牛顿-莱布尼茨公式，有

$$原式 = e^x \Big|_{-2}^{2} = e^2 - e^{-2} = e^2 - \frac{1}{e^2}.$$

例 4 求定积分$\int_{-\frac{1}{2}}^{\frac{1}{2}} \frac{1}{\sqrt{1-x^2}} dx$.

解 因$\frac{1}{\sqrt{1-x^2}}$在$\left[-\frac{1}{2},\frac{1}{2}\right]$上是偶函数，且$\arcsin x$是$\frac{1}{\sqrt{1-x^2}}$的一个原函数，所以由牛顿-莱布尼茨公式，有

$$原式 = 2\int_0^{\frac{1}{2}} \frac{1}{\sqrt{1-x^2}} dx = 2\arcsin x \Big|_0^{\frac{1}{2}} = 2\left(\arcsin\frac{1}{2} - \arcsin 0\right) = 2 \cdot \frac{\pi}{6} = \frac{\pi}{3}.$$

例 5 求定积分$\int_0^4 |x-2| dx$.

解 先去掉被积函数绝对值的符号. 因

$$|x-2| = \begin{cases} 2-x, & 0 \leqslant x \leqslant 2, \\ x-2, & 2 < x \leqslant 4, \end{cases}$$

且$2x-\frac{x^2}{2}$是$2-x$的一个原函数，所以由定积分对区间的可加性及牛顿-莱布尼茨公式，有

$$\begin{aligned} 原式 &= \int_0^2 (2-x) dx + \int_2^4 (x-2) dx = \left(2x - \frac{x^2}{2}\right)\Big|_0^2 + \left(\frac{x^2}{2} - 2x\right)\Big|_2^4 \\ &= (4-2) + (-2+4) = 4. \end{aligned}$$

习 题 4.3

A 组

1. 利用定积分的性质，判别下列各式对否：

(1) $\int_0^1 x dx \leqslant \int_0^1 x^2 dx$；　　(2) $\int_0^{\frac{\pi}{2}} x dx \leqslant \int_0^{\frac{\pi}{2}} \sin x dx$；

(3) $\int_1^2 \ln x dx \leqslant \int_1^2 \ln^2 x dx$；　　(4) $\int_0^{\frac{\pi}{4}} \sin x dx \leqslant \int_0^{\frac{\pi}{4}} \cos x dx$.

2. 设函数$f(x)=\begin{cases} 1+x^2, & 0\leqslant x\leqslant 1, \\ 2x, & 1< x\leqslant 2, \end{cases}$求$\int_0^2 f(x) dx$.

3. 用牛顿-莱布尼茨公式计算下列定积分：

(1) $\int_a^b x^n dx (n \neq -1)$；　　(2) $\int_0^{\frac{\pi}{4}} \tan^2 x dx$；　　(3) $\int_0^1 \frac{1}{1+x^2} dx$；

(4) $\int_0^1 \frac{e^{2x}-1}{e^x-1}dx$；　　(5) $\int_0^2 x|x-1|dx$；　　(6) $\int_0^{2\pi}|\sin x|dx$.

4. 填空题：

(1) $\int_{-\frac{\pi}{2}}^{\frac{\pi}{2}} \frac{\sin^3 x}{1+x^2}dx=$ ________；　　(2) $\int_{-1}^{1} e^{|x|}dx=$ ________；

(3) 若 $\int_0^1 x\arctan x dx=\frac{\pi}{4}-\frac{1}{2}$，则 $\int_{-1}^{1} x\arctan x dx=$ ________；

(4) 若 $\int_0^{\frac{\pi}{2}} x^2\sin x dx=\pi-2$，则 $\int_{-\frac{\pi}{2}}^{\frac{\pi}{2}} x^2\sin x dx=$ ________.

B　组

1. 初等函数 $f(x)$ 在其有定义的区间 $[a,b]$ 上（　　）.

(A) 可导　　(B) 可微分　　(C) 可积　　(D) (A),(B),(C)都不成立.

2. 设函数 $f(x)$ 连续，且 $f(x)=\sqrt{1-x^2}+\frac{1}{1+x^2}\int_{-1}^{1}f(x)dx$，求 $f(x)$.

§4.4　换元积分法

【学习本节要达到的目标】

1. 熟练掌握不定积分和定积分的第一换元积分法.

2. 会用第二换元积分法求解被积函数含根式 $\sqrt[n]{ax+b}$，$\sqrt{a^2-x^2}$，$\sqrt{x^2+a^2}$，$\sqrt{x^2-a^2}$ 的定积分.

一、第一换元积分法

换元积分法是求积分的基本方法之一，换元积分法又分为第一换元积分法和第二换元积分法. 先讲述第一换元积分法. 先看例题.

例 1　求不定积分 $\int \sin^2 x\cos x dx$.

分析　被积函数 $\sin^2 x\cos x$ 可看成是两个因子的乘积：

一个因子是 $\sin^2 x$，若把 $\sin x$ 理解成是中间变量 u，则它是 u 的幂函数，即 $u^2=\sin^2 x$.

另一个因子 $\cos x$，恰是中间变量 $u=\sin x$ 对自变量 x 的导数，即 $\cos x=u'=(\sin x)'$.

于是，被积函数或被积表达式是下述形式：

$$\sin^2 x(\sin x)' \quad \text{或} \quad \sin^2 x d\sin x.$$

计算过程

$$\int \sin^2 x\cos x\mathrm{d}x = \int \sin^2 x\mathrm{d}\sin x \xlongequal[\text{令 } \sin x = u]{\text{变量换元}} \int u^2\mathrm{d}u$$
$$\xlongequal{\text{用积分公式}} \frac{1}{3}u^3 + C \xlongequal[u = \sin x]{\text{变量还原}} \frac{1}{3}\sin^3 x + C.$$

这种求不定积分的方法就是第一换元积分法.

例 1 可用该法的**前提是**,有幂函数的基本积分公式

$$\int u^\alpha \mathrm{d}u = \frac{1}{\alpha+1}u^{\alpha+1} + C \quad (\alpha \neq -1). \tag{1}$$

例 1 可用该法的**关键是**被积函数或被积表达式有形式

$$\sin^2 x(\sin x)' \quad \text{或} \quad \sin^2 x\mathrm{d}\sin x. \tag{2}$$

我们若把幂函数的基本积分公式(1)写成一般函数 $f(u)$ 的积分公式,则有

$$\int f(u)\mathrm{d}u = F(u) + C \quad (\text{其中}, F'(u) = f(u)).$$

若把例 1 被积函数中的 $\sin x$ 写成一般函数形式 $\varphi(x)$,则(2)式可写成

$$f(\varphi(x))\varphi'(x) \quad \text{或} \quad f(\varphi(x))\mathrm{d}\varphi(x).$$

由此,便有求不定积分的第一换元积分法.

第一换元积分法 设函数 $u=\varphi(x)$ 可导,若

$$\int f(u)\mathrm{d}u = F(u) + C,$$

则

$$\int f(\varphi(x))\varphi'(x)\mathrm{d}x = \int f(\varphi(x))\mathrm{d}\varphi(x) = F(\varphi(x)) + C. \tag{1}$$

显然,第一换元积分法的实质正是复合函数求导数公式的逆用.也就是将**积分公式中的自变量 x 换以可微函数** $\varphi(x)$,所得结果仍然成立.

例 2 求不定积分 $\int x\mathrm{e}^{x^2}\mathrm{d}x$.

解 被积函数是 e^{x^2} 与 x 的乘积.注意到 x^2 的导数是 $2x$,即 $(x^2)'=2x$,可把 x^2 理解成是公式(1)中的 $\varphi(x)$.设 $u=x^2$,则

$$\text{原式} = \frac{1}{2}\int \mathrm{e}^{x^2}(2x)\mathrm{d}x = \frac{1}{2}\int \mathrm{e}^{x^2}\mathrm{d}x^2 = \frac{1}{2}\int \mathrm{e}^u\mathrm{d}u = \frac{1}{2}\mathrm{e}^u + C = \frac{1}{2}\mathrm{e}^{x^2} + C.$$

例 3 求不定积分 $\int \frac{\ln x}{x}\mathrm{d}x$.

解 被积函数是 $\ln x$ 与 $\frac{1}{x}$ 的乘积.注意到 $(\ln x)'=\frac{1}{x}$,设 $u=\ln x$,则

$$\text{原式} = \int \ln x \cdot \frac{1}{x}\mathrm{d}x = \int u\mathrm{d}u = \frac{1}{2}u^2 + C = \frac{1}{2}\ln^2 x + C.$$

例 4 求不定积分 $\int \cot x\mathrm{d}x$.

解 由于 $\cot x=\dfrac{1}{\sin x}\cos x$，且 $\dfrac{1}{\sin x}$ 是 $\sin x$ 的函数，又 $(\sin x)'=\cos x$. 设 $u=\sin x$，则

$$\text{原式}=\int\frac{1}{\sin x}\cos x\mathrm{d}x=\int\frac{1}{\sin x}\mathrm{d}\sin x=\int\frac{1}{u}\mathrm{d}u$$
$$=\ln|u|+C=\ln|\sin x|+C.$$

解题较熟练时，可不设出中间变量，本例可如下书写：

$$\int\cot x\mathrm{d}x=\int\frac{1}{\sin x}\cos x\mathrm{d}x=\int\frac{1}{\sin x}\mathrm{d}\sin x=\ln|\sin x|+C.$$

类似地，可得到

$$\int\tan x\mathrm{d}x=-\ln|\cos x|+C.$$

例 5 求不定积分 $\displaystyle\int\frac{1}{a^2+x^2}\mathrm{d}x$.

解 应用基本积分公式

$$\int\frac{1}{1+x^2}\mathrm{d}x=\arctan x+C,$$

并注意到 $\left(\dfrac{x}{a}\right)'=\dfrac{1}{a}$.

$$\text{原式}=\int\frac{1}{a^2\left[1+\left(\frac{x}{a}\right)^2\right]}\mathrm{d}x=\frac{1}{a}\int\frac{1}{1+\left(\frac{x}{a}\right)^2}\mathrm{d}\left(\frac{x}{a}\right)=\frac{1}{a}\arctan\frac{x}{a}+C.$$

类似地，还可得到

$$\int\frac{1}{\sqrt{a^2-x^2}}\mathrm{d}x=\arcsin\frac{x}{a}+C.$$

例 6 求不定积分 $\displaystyle\int\frac{x}{\sqrt{1-x^2}}\mathrm{d}x$.

解 注意到 $\mathrm{d}(1-x^2)=-2x\mathrm{d}x$，故

$$\text{原式}=-\int\frac{1}{2\sqrt{1-x^2}}(-2x)\mathrm{d}x=-\int\frac{1}{2\sqrt{1-x^2}}\mathrm{d}(1-x^2)=-\sqrt{1-x^2}+C.$$

例 7 求定积分 $\displaystyle\int_2^3\frac{1}{x^2}\mathrm{e}^{\frac{1}{x}}\mathrm{d}x$.

解 用写出新的积分变量的方法求解.

变量换元：设 $u=\dfrac{1}{x}$，则 $\mathrm{d}u=-\dfrac{1}{x^2}\mathrm{d}x$.

换积分限：由关系式 $u=\dfrac{1}{x}$ 知，当 x 从 2 变到 3 时，相应的 u 则由 $\dfrac{1}{2}$ 变到 $\dfrac{1}{3}$. 即当 $x=2$ 时，$u=\dfrac{1}{2}$；当 $x=3$ 时，$u=\dfrac{1}{3}$. 于是

$$\text{原式}=-\int_{\frac{1}{2}}^{\frac{1}{3}}\mathrm{e}^{u}\mathrm{d}u=-\mathrm{e}^{u}\Big|_{\frac{1}{2}}^{\frac{1}{3}}=\mathrm{e}^{\frac{1}{2}}-\mathrm{e}^{\frac{1}{3}}.$$

用不写出新的积分变量的方法求解.

注意到 $\mathrm{d}\left(\frac{1}{x}\right)=-\frac{1}{x^2}\mathrm{d}x$,于是

$$\text{原式}=-\int_{2}^{3}\mathrm{e}^{\frac{1}{x}}\mathrm{d}\,\frac{1}{x}=-\mathrm{e}^{\frac{1}{x}}\Big|_{2}^{3}=\mathrm{e}^{\frac{1}{2}}-\mathrm{e}^{\frac{1}{3}}.$$

说明 例 7 这类题目应用第二种方法求解.不写出新的积分变量,也无须换积分限.

例 8 求定积分 $\int_{1}^{2}\frac{1}{\sqrt{3x-1}}\mathrm{d}x$.

解 注意到 $3x-1$ 是线性函数,$\frac{1}{\sqrt{3x-1}}$是线性函数$(3x-1)$的函数,且$(3x-1)'=3$.于是

$$\begin{aligned}\text{原式}&=\frac{1}{3}\int_{1}^{2}\frac{1}{\sqrt{3x-1}}\cdot 3\mathrm{d}x=\frac{1}{3}\int_{1}^{2}\frac{1}{\sqrt{3x-1}}\mathrm{d}(3x-1)\\&=\frac{1}{3}\cdot 2\sqrt{3x-1}\Big|_{1}^{2}=\frac{2}{3}(\sqrt{5}-\sqrt{2}).\end{aligned}$$

二、第二换元积分法

这里,主要讲述被积函数中含有如下根式形式的情况:

$$\sqrt[n]{ax+b},\quad \text{其中 } n(\geqslant 2)\text{ 是正整数},a\neq 0,b\text{ 可以是 }0;$$

$$\sqrt{a^2-x^2},\quad \sqrt{x^2+a^2},\quad \sqrt{x^2-a^2},\quad \text{其中 } a>0.$$

若不消去这些根式,不能用基本积分公式计算积分(不像例 6,例 8 那样可以计算).这时,需先通过变量换元,消去被积函数中的根式,将其有理化,然后再计算积分.

对根式 $\sqrt[n]{ax+b}$,由 $\sqrt[n]{ax+b}=t$,求出其反函数,得 $x=\frac{1}{a}(t^n-b)$,故设 $x=\frac{1}{a}(t^n-b)$,则 $\mathrm{d}x=\frac{n}{a}t^{n-1}\mathrm{d}t$;

对根式 $\sqrt{a^2-x^2}$,设 $x=a\sin t$,则 $\mathrm{d}x=a\cos t\mathrm{d}t$,$\sqrt{a^2-x^2}=\sqrt{a^2-a^2\sin^2 t}=a\cos t$;

对根式 $\sqrt{x^2+a^2}$,设 $x=a\tan t$,则 $\mathrm{d}x=a\sec^2 t\mathrm{d}t$,$\sqrt{x^2+a^2}=\sqrt{a^2\tan^2 t+a^2}=a\sec t$;

对根式 $\sqrt{x^2-a^2}$,设 $x=a\sec t$,则 $\mathrm{d}x=a\sec t\cdot\tan t\mathrm{d}t$,$\sqrt{x^2-a^2}=\sqrt{a^2\sec^2 t-a^2}=a\tan t$.

对被积函数含有上述根式的积分,我们只讲定积分的例题.

例 9 求定积分 $\int_{0}^{4}\frac{1}{1+\sqrt{x}}\mathrm{d}x$.

解 **变量换元**:由$\sqrt{x}=t$,设 $x=t^2$,则 $\mathrm{d}x=2t\mathrm{d}t$.

换积分限：由关系式 $x=t^2$ 知，x 从 0 变到 4，相应的 t 从 0 变到 2，即当 $x=0$ 时，$t=0$；当 $x=4$ 时，$t=2$. 于是

$$\int_0^4 \frac{1}{1+\sqrt{x}}\mathrm{d}x \xlongequal[\text{换积分限}]{\text{变量换元}} \int_0^2 \frac{2t}{1+t}\mathrm{d}t \xlongequal{\text{恒等变形}} 2\int_0^2\left(1-\frac{1}{1+t}\right)\mathrm{d}t$$

$$\xlongequal{\text{用积分公式}} 2[t-\ln(1+t)]\Big|_0^2 = 2(2-\ln 3).$$

此例题给出的解题思路与计算过程就是**求定积分的第二换元积分法，其解题程序**是：

(1) **变量换元**　为消去被积函数中的根式确定换元式；

(2) **变换积分限**　根据换元式，相应地变换积分限；

(3) **用积分公式**　(有时需先对被积函数恒等变形)求得结果.

例 10　求定积分 $\int_0^2 x^2\sqrt{4-x^2}\,\mathrm{d}x$.

解　设 $x=2\sin t$，则 $\mathrm{d}x=2\cos t\mathrm{d}t$. 当 $x=0$ 时，$t=0$；当 $x=2$ 时，$t=\frac{\pi}{2}$. 于是

$$\text{原式}=\int_0^{\frac{\pi}{2}} 4\sin^2 t\cdot 2\cos t\cdot 2\cos t\mathrm{d}t = 4\int_0^{\frac{\pi}{2}}\sin^2 2t\mathrm{d}t = 4\int_0^{\frac{\pi}{2}}\frac{1-\cos 4t}{2}\mathrm{d}t$$

$$=2\int_0^{\frac{\pi}{2}}\mathrm{d}t-\frac{1}{2}\int_0^{\frac{\pi}{2}}\cos 4t\mathrm{d}(4t) = 2t\Big|_0^{\pi/2}-\frac{1}{2}\sin 4t\Big|_0^{\pi/2}=\pi.$$

例 11　求定积分 $\int_1^{\sqrt{3}}\frac{1}{x^2\sqrt{1+x^2}}\mathrm{d}x$.

解　设 $x=\tan t$，则 $\mathrm{d}x=\sec^2 t\mathrm{d}t$. 当 $x=1$ 时，$t=\pi/4$；当 $x=\sqrt{3}$ 时，$t=\pi/3$. 于是

$$\text{原式}=\int_{\frac{\pi}{4}}^{\frac{\pi}{3}}\frac{\sec^2 t}{\tan^2 t\cdot\sec t}\mathrm{d}t=\int_{\frac{\pi}{4}}^{\frac{\pi}{3}}\frac{\cos t}{\sin^2 t}\mathrm{d}t=\int_{\frac{\pi}{4}}^{\frac{\pi}{3}}\frac{1}{\sin^2 t}\mathrm{d}(\sin t)=-\frac{1}{\sin t}\Big|_{\frac{\pi}{4}}^{\frac{\pi}{3}}=\sqrt{2}-\frac{2}{\sqrt{3}}.$$

例 12　求定积分 $\int_1^2\frac{\sqrt{x^2-1}}{x}\mathrm{d}x$.

解　设 $x=\sec t$，则 $\mathrm{d}x=\sec t\tan t\mathrm{d}t$. 当 $x=1$ 时，$t=0$；当 $x=2$ 时，$t=\pi/3$. 于是

$$\text{原式}=\int_0^{\frac{\pi}{3}}\frac{\tan t}{\sec t}\sec t\tan t\mathrm{d}t=\int_0^{\frac{\pi}{3}}(\sec^2 t-1)\mathrm{d}t=(\tan t-t)\Big|_0^{\frac{\pi}{3}}=\sqrt{3}-\frac{\pi}{3}.$$

习　题　4.4

A　组

1. 下列各式正确否？若是错误的，找出原因并把错误改正过来：

(1) $\int\sin 2x\mathrm{d}x=-\cos 2x+C$；　　(2) $\int\frac{1}{1-x}\mathrm{d}x=\int\frac{1}{1-x}\mathrm{d}(1-x)=\ln|1-x|+C$；

(3) $\int \frac{\ln x}{x}dx = \int \frac{1}{x}d\left(\frac{1}{x}\right) = \frac{1}{2}\left(\frac{1}{x}\right)^2 + C$；

(4) $\int \frac{1+\sin x}{\sin^2 x}dx = \int \frac{1}{\sin^2 x}dx + \int \frac{1}{\sin x}dx = -\cot x + \ln|\sin x| + C.$

2. 求下列不定积分：

(1) $\int e^{3x}dx$； (2) $\int e^{\sin x}\cos x dx$； (3) $\int (1-2x)^8 dx$；

(4) $\int \sqrt{1+3x}dx$； (5) $\int \frac{(3+\ln x)^2}{x}dx$； (6) $\int \frac{x+4}{x^2+8x-4}dx$；

(7) $\int e^x \tan e^x dx$； (8) $\int \frac{1}{9+4x^2}dx$； (9) $\int \frac{1}{x\sqrt{1-\ln x}}dx$；

(10) $\int x\sqrt{2x^2+5}dx$； (11) $\int \frac{1}{\sqrt{x}}\cot\sqrt{x}dx$； (12) $\int \frac{1}{4-9x^2}dx$；

(13) $\int \sin^2 x dx$； (14) $\int \sin^3 x dx$； (15) $\int \frac{\arcsin x}{\sqrt{1-x^2}}dx.$

3. 求下列定积分：

(1) $\int_0^1 (e^x-1)e^x dx$； (2) $\int_0^1 \frac{x}{1+x^2}dx$； (3) $\int_1^e \frac{1+\ln x}{x}dx$；

(4) $\int_0^{\frac{\pi}{2}} \frac{\cos x}{1+\sin^2 x}dx$； (5) $\int_0^1 x e^{-\frac{x^2}{2}}dx$； (6) $\int_1^2 (x-1)e^{x^2-2x+1}dx.$

4. 求下列定积分：

(1) $\int_{-3}^1 \frac{x}{\sqrt{3-2x}}dx$； (2) $\int_0^3 \frac{x^2}{\sqrt{1+x}}dx$； (3) $\int_1^8 \frac{1}{x+\sqrt[3]{x}}dx.$

5. 求下列定积分：

(1) $\int_0^{\frac{1}{2}} \frac{x^2}{\sqrt{1-x^2}}dx$； (2) $\int_{\sqrt{2}}^2 \frac{1}{x\sqrt{x^2-1}}dx$； (3) $\int_1^{\sqrt{3}} \frac{1}{x\sqrt{x^2+1}}dx.$

B 组

1. 求下列积分：

(1) $\int \frac{1}{e^x+e^{-x}}dx$； (2) $\int \frac{e^{\frac{x}{2}}}{\sqrt{16-e^x}}dx$； (3) $\int \frac{x\cos x+\sin x}{(x\sin x)^2}dx$；

(4) $\int_{-1}^1 \frac{x\ln(1+x^2)+1}{1+x^2}dx$； (5) $\int_{-\frac{1}{2}}^{\frac{1}{2}} \frac{x\cos^2 x+(\arcsin x)^2}{\sqrt{1-x^2}}dx$.

2. 填空题：

(1) 设 $\int f(x)dx = x^2 + C$，则 $\int xf(1-x^2)dx =$ ________；

(2) 设 $\int f(x)\mathrm{d}x=\sin x^2+C$,则 $\int \dfrac{xf(\sqrt{2x^2-1})}{\sqrt{2x^2-1}}\mathrm{d}x=$ ________;

(3) 设 $f(x)=2^x+x^2$,则 $\int f'(2x)\mathrm{d}x=$ ________.

§4.5 分部积分法

【学习本节要达到的目标】

掌握不定积分和定积分的分部积分法.

我们由例题讲起,进而引出**分部积分法公式**.

例 1 求不定积分 $\int x\cos x\mathrm{d}x$.

分析 被积函数可视为 x 和 $\cos x$ 的乘积,由乘积的导数公式入手. 由于

$$(x\sin x)'=\sin x+x\cos x,$$

两端求不定积分,得

$$x\sin x=\int \sin x\mathrm{d}x+\int x\cos x\mathrm{d}x,$$

移项,有

$$\int x\cos x\mathrm{d}x=x\sin x-\int \sin x\mathrm{d}x, \tag{1}$$

(1)式左端为所求不定积分. (1)式表明,所求的不定积分转化为右端的两项,其中只有一项是求不定积分,从而将求 $\int x\cos x\mathrm{d}x$ 转化为求 $\int \sin x\mathrm{d}x$. 而后者可用基本积分公式求得,于是

$$\int x\cos x\mathrm{d}x=x\sin x+\cos x+C.$$

由(1)式看到,该问题之所以解决,就是**将等式左端的不定积分转化为右端的不定积分,且右端的不定积分我们能求出来**.

把上述例题推广为一般情况,有下述**分部积分法公式**.

分部积分法公式

设函数 $u=u(x)$, $v=v(x)$ 都有连续的导数,由乘积的导数公式

$$[u(x)v(x)]'=u'(x)v(x)+u(x)v'(x),$$

两端积分,得

$$u(x)v(x)=\int u'(x)v(x)\mathrm{d}x+\int u(x)v'(x)\mathrm{d}x,$$

移项,有

$$\int u(x)v'(x)\mathrm{d}x=u(x)v(x)-\int v(x)u'(x)\mathrm{d}x, \tag{2}$$

或
$$\int u(x)\mathrm{d}v(x)=u(x)v(x)-\int v(x)\mathrm{d}u(x). \tag{3}$$
简写为
$$\int uv'\mathrm{d}x=uv-\int vu'\mathrm{d}x,\quad 或\quad \int u\mathrm{d}v=uv-\int v\mathrm{d}u.$$

(2)式或(3)式就是**不定积分的分部积分法公式**.

对照例题(1)式和分部积分法公式(2)式,并注意$(x)'=1$.
$$\int x\cdot\cos x\mathrm{d}x = x\cdot\sin x-\int \sin x\cdot 1\,\mathrm{d}x$$
$$\downarrow\quad\downarrow\qquad\downarrow\quad\downarrow\qquad\downarrow\quad\downarrow$$
$$\int u(x)v'(x)\mathrm{d}x=u(x)v(x)-\int v(x)\cdot u'(x)\mathrm{d}x$$

我们来理解分部积分法**公式的意义**和**使用原则**.

1. 公式的意义

对一个不易求出结果的不定积分,若被积函数$g(x)$可看做是两个因子的乘积
$$g(x)=x\cdot\cos x,$$
$$g(x)=u(x)\cdot v'(x),$$
则问题就转化为求另外两个因子的乘积
$$f(x)=\sin x\cdot 1,$$
$$f(x)=v(x)\cdot u'(x)$$
作为被积函数的不定积分.右端或者可直接计算出结果,或者较左端易于计算,这就是用分部积分法公式(2)的意义.

由得到分部积分法公式(2)式的推导过程可知,**分部积分法实质上是两个函数乘积导数公式的逆用**.正因为如此,**被积函数是两个函数的乘积,用分部积分法往往有效**.

2. 选取$u(x)$和$v'(x)$的原则

若被积函数可看做是两个函数的乘积,那么,其中哪一个应视为$u(x)$,哪一个应视为$v'(x)$呢?一般如下考虑:

(1) 因公式(2)式右端出现$v(x)$,因此,选做$v'(x)$的函数,必须能求出它的原函数$v(x)$,这是可用分部积分法的前提;

(2) 选取$u(x)$和$v'(x)$,最终要使公式(2)式右端的积分$\int v(x)u'(x)\mathrm{d}x$较左端$\int u(x)v'(x)\mathrm{d}x$易于计算,这是用分部积分法要达到的目的.

由不定积分的分部积分法公式(2)式或(3)式和定积分的牛顿-莱布尼茨公式,可以得到**定积分的分部积分法公式**

$$\int_a^b u(x)v'(x)\mathrm{d}x = u(x)v(x)\Big|_a^b - \int_a^b v(x)u'(x)\mathrm{d}x, \tag{4}$$

或

$$\int_a^b u(x)\mathrm{d}v(x) = u(x)v(x)\Big|_a^b - \int_a^b v(x)\mathrm{d}u(x). \tag{5}$$

例 2 求不定积分 $\int x\mathrm{e}^x\mathrm{d}x$,并计算定积分 $\int_0^1 x\mathrm{e}^x\mathrm{d}x$.

解 被积函数可视为两个函数 x 与 e^x 的乘积,用分部积分法.

设 $u=x, v'=\mathrm{e}^x$,则 $u'=1, v=\mathrm{e}^x$. 于是,由公式(2)

$$\int x\mathrm{e}^x\mathrm{d}x = x\mathrm{e}^x - \int \mathrm{e}^x \cdot 1\mathrm{d}x = x\mathrm{e}^x - \mathrm{e}^x + C.$$

用公式(4)求定积分

$$\int_0^1 x\mathrm{e}^x\mathrm{d}x = x\mathrm{e}^x\Big|_0^1 - \int_0^1 \mathrm{e}^x \cdot 1\mathrm{d}x = \mathrm{e} - \mathrm{e}^x\Big|_0^1 = \mathrm{e} - (\mathrm{e}-1) = 1.$$

例 3 求不定积分 $\int x^2\sin x\mathrm{d}x$.

解 被积函数可视为两个函数 x^2 与 $\sin x$ 的乘积,用分部积分法.

设 $u=x^2, v'=\sin x$,则 $u'=2x, v=-\cos x$. 于是,由公式(2)

$$\begin{aligned}\text{原式} &= x^2(-\cos x) - \int(-\cos x)\cdot 2x\mathrm{d}x = -x^2\cos x + 2\int x\cos x\mathrm{d}x \ (\text{见例 1})\\ &= -x^2\cos x + 2x\sin x + 2\cos x + C.\end{aligned}$$

本例题,实际上是用了两次分部积分法. 有的积分需连续两次或更多次用分部积分法方能得到结果.

由例 1,例 2 和例 3 知,下列积分适用于分部积分法:

$$\int x^n\mathrm{e}^{ax}\mathrm{d}x, \quad \int x^n\sin ax\mathrm{d}x, \quad \int x^n\cos ax\mathrm{d}x,$$

其中 n 是正整数,应将被积函数中的 x^n 视为分部积分法公式中的 $u(x)$.

例 4 求不定积分 $\int x\arctan x\mathrm{d}x$.

解 被积函数可视为 x 与 $\arctan x$ 的乘积,用分部积分法公式(3). 注意到 $x\mathrm{d}x = \mathrm{d}\left(\frac{1}{2}x^2\right)$,有

$$\begin{aligned}\text{原式} &= \int\arctan x\mathrm{d}\left(\frac{1}{2}x^2\right) = \frac{1}{2}x^2\arctan x - \frac{1}{2}\int x^2\mathrm{d}\arctan x\\ &= \frac{x^2}{2}\arctan x - \frac{1}{2}\int\frac{x^2}{1+x^2}\mathrm{d}x = \frac{x^2}{2}\arctan x - \frac{1}{2}\int\left(1-\frac{1}{1+x^2}\right)\mathrm{d}x\\ &= \frac{x^2}{2}\arctan x - \frac{1}{2}(x-\arctan x) + C.\end{aligned}$$

例 5 求定积分 $\int_1^4 \ln x \mathrm{d}x$.

解 用定积分的分部积分法公式(5),有

$$\text{原式} = x\ln x\Big|_1^4 - \int_1^4 x\mathrm{d}\ln x = 4\ln 4 - \int_1^4 x\cdot\frac{1}{x}\mathrm{d}x = 4\ln 4 - x\Big|_1^4 = 4\ln 4 - 3.$$

由例 4 和例 5 知,下列积分适用于分部积分法:

$$\int x^n \ln x\mathrm{d}x,\quad \int x^n \arcsin x\mathrm{d}x,\quad \int x^n \arctan x\mathrm{d}x,$$

其中 n 是正整数或零.应将被积函数中的 $\ln x$,$\arcsin x$,$\arctan x$ 视为分部积分法中的 $u(x)$.

习 题 4.5

A 组

1. 求下列不定积分:

(1) $\int x\sin x\mathrm{d}x$;　(2) $\int x^2\mathrm{e}^x\mathrm{d}x$;　(3) $\int x^2\cos x\mathrm{d}x$;

(4) $\int x\ln x\mathrm{d}x$;　(5) $\int x\,\mathrm{arccot}\,x\mathrm{d}x$;　(6) $\int \ln(1+x^2)\mathrm{d}x$.

2. 求下列定积分:

(1) $\int_0^1 x\mathrm{e}^{-x}\mathrm{d}x$;　(2) $\int_{\frac{\pi}{4}}^{\frac{\pi}{2}} \frac{x}{\sin^2 x}\mathrm{d}x$;　(3) $\int_0^{\frac{\pi}{2}} x\sin 2x\mathrm{d}x$;

(4) $\int_0^{\frac{1}{2}} \arcsin x\mathrm{d}x$;　(5) $\int_1^4 \frac{\ln x}{\sqrt{x}}\mathrm{d}x$;　(6) $\int_{\frac{1}{\mathrm{e}}}^{\mathrm{e}} |\ln x|\mathrm{d}x$.

B 组

1. 求下列积分:

(1) $\int \frac{\ln\ln x}{x}\mathrm{d}x$;　(2) $\int_0^{\frac{\pi^2}{4}} \sin\sqrt{x}\mathrm{d}x$.

2. 已知 $x\mathrm{e}^x$ 为 $f(x)$ 的一个原函数,求 $\int_0^1 xf'(x)\mathrm{d}x$.

§4.6 无限区间的广义积分

【学习本节要达到的目标】

了解无限区间广义积分收敛与发散的概念,会计算无限区间上的广义积分.

定积分是讨论函数 $f(x)$ 在闭区间 $[a,b]$ 上的积分，即积分区间是有限的. 本节讨论函数 $f(x)$ 在无限区间上的积分，即积分区间为 $[a,+\infty)$，$(-\infty,b]$ 和 $(-\infty,+\infty)$.

先看例题.

例 1 计算由曲线 $y=\mathrm{e}^{-x}$，直线 $x=0$，$y=0$ 所围图形的面积.

解 由图 4-10 看出，该图形有一边是开口的. 由于直线 $y=0$ 是曲线 $y=\mathrm{e}^{-x}$ 的水平渐近线，图形向右无限延伸，且愈向右开口愈小，可以认为曲线 $y=\mathrm{e}^{-x}$ 在无限远点与 x 轴相交.

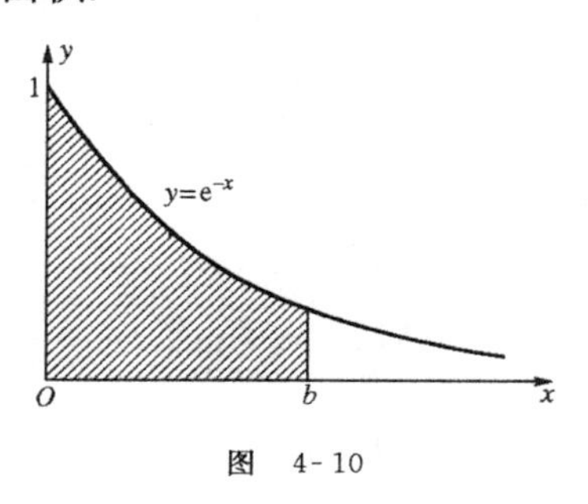

图 4-10

为了求得该图形的面积，取 $b>0$，先作直线 $x=b$. 由定积分的几何意义，图中有阴影部分(曲边梯形)的面积是

$$\int_0^b \mathrm{e}^{-x}\mathrm{d}x = -\mathrm{e}^{-x}\Big|_0^b = 1-\mathrm{e}^{-b}.$$

显然，当直线 $x=b$ 愈向右移动，有阴影部分的图形愈向右延伸，从而愈接近我们所求的面积. 按我们对极限概念的理解，自然应认为所求的面积是：

$$\lim_{b\to+\infty}\int_0^b \mathrm{e}^{-x}\,\mathrm{d}x = \lim_{b\to+\infty}(1-\mathrm{e}^{-b}) = 1.$$

这里，**先求定积分，再求极限**得到了结果. 仿照定积分的记法，所求面积可形式地记为 $\int_0^{+\infty}\mathrm{e}^{-x}\,\mathrm{d}x$. 这就是**无限区间** $[a,+\infty)$ **上的广义积分**.

定义 设函数 $f(x)$ 在无限区间 $[a,+\infty)$ 上连续，$f(x)$ 在 $[a,+\infty)$ 上的广义积分记为 $\int_a^{+\infty}f(x)\mathrm{d}x$. 取 $b>a$，若极限

$$\lim_{b\to+\infty}\int_a^b f(x)\mathrm{d}x$$

存在，则称广义积分 $\int_a^{+\infty}f(x)\mathrm{d}x$ **收敛**，并称此极限值为广义积分的值，即

$$\int_a^{+\infty}f(x)\mathrm{d}x = \lim_{b\to+\infty}\int_a^b f(x)\mathrm{d}x;$$

否则，称广义积分 $\int_a^{+\infty}f(x)\mathrm{d}x$ **发散**.

当广义积分发散时，$\int_a^{+\infty}f(x)\mathrm{d}x$ 只是一个记号，不表示任何数值.

类似地，函数 $f(x)$ 在无限区间 $(-\infty,b]$ 上的广义积分 $\int_{-\infty}^b f(x)\mathrm{d}x$，用极限

$$\lim_{a\to-\infty}\int_a^b f(x)\mathrm{d}x \quad (a<b)$$

存在与否来定义它的敛散性.

函数 $f(x)$ 在无限区间 $(-\infty,+\infty)$ 上的广义积分 $\int_{-\infty}^{+\infty} f(x)\mathrm{d}x$，则定义为

$$\int_{-\infty}^{+\infty} f(x)\mathrm{d}x = \int_{-\infty}^{c} f(x)\mathrm{d}x + \int_{c}^{+\infty} f(x)\mathrm{d}x,$$

其中 c 是任一有限数，仅当等式右端的两个广义积分都收敛时，左端的广义积分才收敛；否则，左端的广义积分是发散的.

例 2 计算广义积分 $\int_0^{+\infty} \frac{1}{1+x^2}\mathrm{d}x$.

解 取 $b>0$，则

$$\text{原式} = \lim_{b\to+\infty}\int_0^b \frac{1}{1+x^2}\mathrm{d}x = \lim_{b\to+\infty}\arctan x\Big|_0^b = \lim_{b\to+\infty}(\arctan b - 0) = \frac{\pi}{2}.$$

例 3 计算广义积分 $\int_{-\infty}^{+\infty} \frac{x}{1+x^2}\mathrm{d}x$.

解 由于

$$\text{原式} = \int_{-\infty}^{0} \frac{x}{1+x^2}\mathrm{d}x + \int_0^{+\infty} \frac{x}{1+x^2}\mathrm{d}x,$$

取 $a<0$，则

$$\begin{aligned}\int_{-\infty}^{0} \frac{x}{1+x^2}\mathrm{d}x &= \lim_{a\to-\infty}\int_a^0 \frac{x}{1+x^2}\mathrm{d}x = \frac{1}{2}\lim_{a\to-\infty}\int_a^0 \frac{1}{1+x^2}\mathrm{d}(1+x^2)\\ &= \frac{1}{2}\lim_{a\to-\infty}\ln(1+x^2)\Big|_a^0\\ &= \frac{1}{2}\lim_{a\to-\infty}[-\ln(1+a^2)] = -\infty.\end{aligned}$$

所以，无论广义积分 $\int_0^{+\infty} \frac{x}{1+x^2}\mathrm{d}x$ 收敛与否，所给广义积分总是发散的.

例 4 讨论广义积分 $\int_1^{+\infty} \frac{1}{x^\alpha}\mathrm{d}x$，$\alpha$ 取何值时收敛，取何值时发散？

解 当 $\alpha=1$ 时，

$$\int_1^{+\infty} \frac{1}{x}\mathrm{d}x = \ln x\Big|_1^{+\infty} = +\infty;$$

当 $\alpha\neq 1$ 时，取 $b>1$，因

$$\int_1^b \frac{1}{x^\alpha}\mathrm{d}x = \frac{1}{1-\alpha}x^{1-\alpha}\Big|_1^b = \frac{1}{1-\alpha}(b^{1-\alpha}-1),$$

故

$$\int_1^{+\infty} \frac{1}{x^\alpha}\mathrm{d}x = \lim_{b\to+\infty}\frac{1}{1-\alpha}(b^{1-\alpha}-1) = \begin{cases} +\infty, & \text{若 } \alpha<1,\\ \dfrac{1}{\alpha-1}, & \text{若 } \alpha>1.\end{cases}$$

综上所述，所给广义积分，当 $\alpha>1$ 时收敛，且其值为 $\frac{1}{\alpha-1}$；当 $\alpha\leqslant 1$ 时发散.

习 题 4.6

A 组

1. 计算下列广义积分：

(1) $\int_{0}^{+\infty} e^{-x} dx$；　(2) $\int_{\frac{2}{\pi}}^{+\infty} \frac{1}{x^2}\sin\frac{1}{x} dx$；　(3) $\int_{2}^{+\infty} \frac{1}{\sqrt{(x-1)^3}} dx$；

(4) $\int_{1}^{+\infty} \frac{1}{x(x^2+1)} dx$；　(5) $\int_{-\infty}^{+\infty} \frac{1}{e^x+e^{-x}} dx$.

2. 判定下列广义积分是否发散：

(1) $\int_{-\infty}^{0} \sin x dx$；　(2) $\int_{-\infty}^{+\infty} \frac{x}{\sqrt{1+x^2}} dx$.

B 组

1. 讨论广义积分 $\int_{0}^{+\infty} e^{-kx} dx$，当 k 取何值时收敛，k 取何值时发散？

2. 计算广义积分 $\int_{0}^{+\infty} x e^{-x} dx$.

§4.7 积分学的应用

【学习本节要达到的目标】

1. 会用定积分计算平面图形的面积.
2. 会由边际函数求总函数.

一、平面图形的面积

由定积分的几何意义，有如下计算平面图形的**面积公式**.

(1) 由连续曲线 $y=f(x)$，直线 $x=a,x=b(a<b)$ 和 x 轴所围成的曲边梯形的面积为

$$A=\int_{a}^{b} |f(x)| dx=\int_{a}^{b} |y| dx. \tag{1}$$

(2) 由两条连续曲线 $y=g(x)$，$y=f(x)$ 及两条直线 $x=a,x=b(a<b)$ 所围成的平面图形(图 4-11)的面积为

$$A=\int_{a}^{b} |f(x)-g(x)| dx. \tag{2}$$

(3) 由两条连续曲线 $x=\varphi(y)$，$x=\psi(y)$ 及两条直线 $y=c,y=d(c<d)$ 所围成的平面图形(图 4-12)的面积为

$$A=\int_c^d|\varphi(y)-\psi(y)|\mathrm{d}y. \tag{3}$$

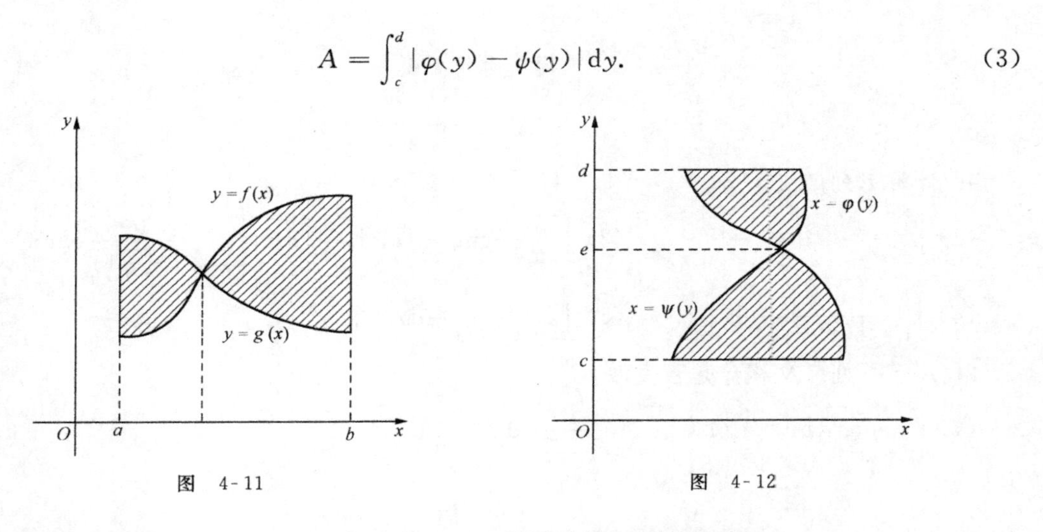

图 4-11　　　图 4-12

例 1　求由曲线 $y=\mathrm{e}^x$，$y=\mathrm{e}^{-x}$ 与直线 $x=1$ 所围成的图形的面积.

解　首先，画草图，见图 4-13.

其次，选积分变量，并确定积分限. 平面图形可看做是由曲线 $y=\mathrm{e}^x$，$y=\mathrm{e}^{-x}$ 和直线 $x=0$，$x=1$ 所围成. 选 x 为积分变量，积分下限为 $x=0$，积分上限为 $x=1$.

最后，求面积. 用公式(2).

$$A=\int_0^1(\mathrm{e}^x-\mathrm{e}^{-x})\mathrm{d}x=(\mathrm{e}^x+\mathrm{e}^{-x})\Big|_0^1=\mathrm{e}+\frac{1}{\mathrm{e}}-2.$$

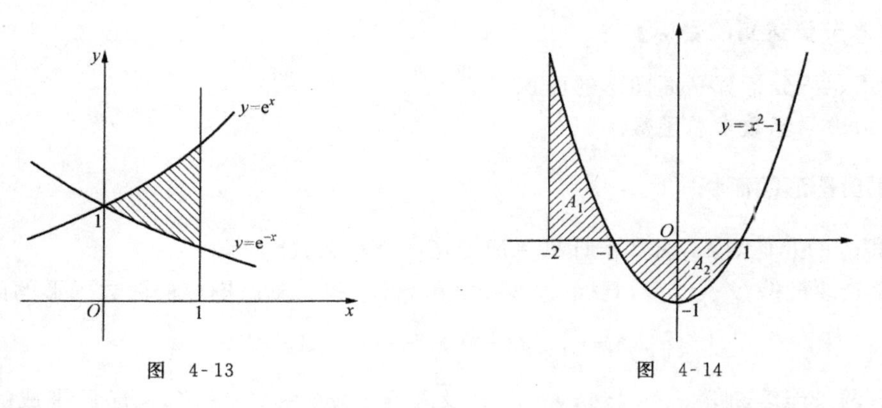

图 4-13　　　图 4-14

例 2　求由曲线 $y=x^2-1$ 与直线 $x=-2$，$y=0$（x 轴）所围成的图形的面积.

解　所求面积的草图如图 4-14 所示. 选 x 为积分变量，积分下限为 $x=-2$，积分上限为 $x=1$. 用公式(1)求面积.

$$A=\int_{-2}^1|(x^2-1)|\mathrm{d}x=\int_{-2}^{-1}(x^2-1)\mathrm{d}x+\int_{-1}^1[-(x^2-1)]\mathrm{d}x$$

$$=\left(\frac{x^3}{3}-x\right)\Big|_{-2}^{-1}-\left(\frac{x^3}{3}-x\right)\Big|_{-1}^{1}=\frac{8}{3}.$$

例 3 求由曲线 $y=\frac{1}{x}$，直线 $y=x$ 和 $y=2$ 所围成的图形的面积.

解 所求面积的草图如图 4-15 所示.

若选 x 为积分变量，所求面积 A 必须看成两块面积 A_1 与 A_2 之和.

注意到曲线 $y=\frac{1}{x}$ 与直线 $y=2$ 的交点 P 的坐标为 $P\left(\frac{1}{2},2\right)$，与直线 $y=x$ 的交点 Q 的坐标为 $Q(1,1)$，而直线 $y=x$ 与 $y=2$ 的交点 R 的坐标为 $R(2,2)$. 于是，用公式(2)求面积.

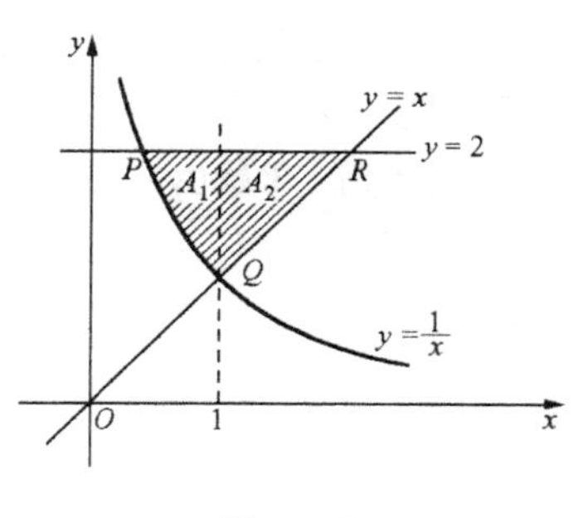

图 4-15

$$A_1=\int_{\frac{1}{2}}^{1}\left(2-\frac{1}{x}\right)dx=(2x-\ln x)\Big|_{\frac{1}{2}}^{1}=1-\ln 2;$$

$$A_2=\int_{1}^{2}(2-x)dx=\left(2x-\frac{x^2}{2}\right)\Big|_{1}^{2}=\frac{1}{2};$$

故

$$A=A_1+A_2=\frac{3}{2}-\ln 2.$$

本例若选 y 为积分变量，则平面图形可看成由曲线 $x=\frac{1}{y}$，直线 $x=y$ 和 $y=1,y=2$ 所围成，由面积公式(3)，有

$$A=\int_{1}^{2}\left(y-\frac{1}{y}\right)dy=\left(\frac{y^2}{2}-\ln y\right)\Big|_{1}^{2}=\frac{3}{2}-\ln 2.$$

说明 用定积分求平面图形的面积，可选取 x 为积分变量，用公式(2)，也可选取 y 为积分变量，用公式(3). 由例 3 看，选取 y 为积分变量较好. 一般地，用定积分求面积时，应恰当地选取积分变量，尽量**使图形不分块和少分块(必须分块时)为好**.

二、已知边际函数求总函数

已知总成本函数 $C=C(Q)$，总收益函数 $R=R(Q)$(统称总函数)，由微分法可得到边际成本函数，边际收益函数(统称边际函数)

$$MC=\frac{dC}{dQ},\quad MR=\frac{dR}{dQ}.$$

由于积分法是微分法的逆运算，因此，积分法能使我们由边际函数推得总函数.

总成本函数，总收益函数用不定积分表示为

$$C(Q)=\int(MC)dQ, \tag{4}$$

$$R(Q) = \int (MR)\,\mathrm{d}Q. \tag{5}$$

因不定积分中含有一个任意常数，为了得到所要求的总函数，用公式(4)或公式(5)时，尚需知道一个确定积分常数的条件：一般情况求总成本函数时，题设中给出固定成本 C_0，即 $C(0)=C_0$；求总收益函数时，确定任意常数的条件是 $R(0)=0$，即尚没销售产品时，总收益为零. 不过这个条件往往题设中不给出.

容易理解，产量由 a 个单位改变到 b 个单位时，总成本的改变量，总收益的改变量分别用下式计算

$$\int_a^b (MC)\,\mathrm{d}Q, \tag{6}$$

$$\int_a^b (MR)\,\mathrm{d}Q. \tag{7}$$

例 4　已知生产某种产品的固定成本为 2000 元，边际成本函数为

$$MC = 3Q^2 - 118Q + 1315(\text{单位：元 / 件}),$$

试确定总成本函数.

解　由公式(4)确定总成本函数

$$C(Q) = \int (MC)\,\mathrm{d}Q = \int (3Q^2 - 118Q + 1315)\,\mathrm{d}Q$$
$$= Q^3 - 59Q^2 + 1315Q + c^{①}(\text{元}).$$

由已知条件，当 $Q=0$ 时，$C=2000$，代入上式可得 $c=2000$. 于是，总成本函数为

$$C(Q) = 2000 + Q^3 - 59Q^2 + 1315Q(\text{元}).$$

例 5　生产某产品的总成本函数和边际收益函数分别为

$$C = 400 + 4Q(\text{单位：元}), \quad MR = 10 - 0.02Q(\text{单位：元 / 件}).$$

(1) 求产量（即销量）由 50 件增加到 100 件时，总收益增加多少？

(2) 求利润最大时的产出水平及最大利润.

解　(1) 由公式(7)可得总收益的增加量为

$$\int_{50}^{100} (MR)\,\mathrm{d}Q = \int_{50}^{100} (10 - 0.02Q)\,\mathrm{d}Q = (10Q - 0.01Q^2)\Big|_{50}^{100} = 425(\text{元}).$$

(2) 由公式(5)求总收益函数

$$R(Q) = \int (MR)\,\mathrm{d}Q = \int (10 - 0.02Q)\,\mathrm{d}Q = 10Q - 0.01Q^2 + c.$$

由条件当 $Q=0$ 时，$R=0$，代入上式可得 $c=0$. 于是，总收益函数为

$$R(Q) = 10Q - 0.01Q^2.$$

由总收益函数和总成本函数得总利润函数

---

①　为避免与总成本 C 混淆，此处用小写 c 表示积分常数.

$$\pi = R - C = (10Q - 0.01Q^2) - (400 + 4Q) = -0.01Q^2 + 6Q - 400(\text{元}).$$

再求总利润函数的极值：由

$$\pi' = -0.02Q + 6 = 0, \quad \text{得} \quad Q = 300(\text{件}).$$

又因为 $\pi''=-0.02<0$(对任何 Q 都成立)，所以，产出水平 $Q=300$ 件时，利润最大，最大利润为

$$\pi\big|_{Q=300} = (-0.01Q^2 + 6Q - 400)\big|_{Q=300} = 500(\text{元}).$$

习 题 4.7

A 组

1. 求下列平面图形的面积：

(1) 曲线 $xy=2$ 与直线 $x+y=3$ 所围成的平面图形；

(2) 曲线 $y=\sin x$，$y=\cos x$ 与直线 $x=0$，$x=\pi/2$ 所围成的平面图形；

(3) 曲线 $xy=1$，直线 $y=x$，$x=2$ 与 x 轴所围成的平面图形.

2. 求由曲线 $y^2=x$ 及直线 $x+y-2=0$ 所围成的平面图形的面积.

3. 已知边际收益函数 $MR=200-0.01Q$，求

(1) 产量(销量)为 50 个单位的总收益；

(2) 若已经生产了 100 个单位，再生产 100 个单位时的总收益；

(3) 产量(销量)为多少时，总收益最大？最大收益是多少？

4. 每天生产某产品的固定成本为 20 万元，边际成本函数

$$MC = 0.4Q + 2(\text{万元}/\text{吨}),$$

商品的销售价格 $P=18$(万元/吨).

(1) 求总成本函数；　　(2) 求总利润函数；

(3) 每天生产多少吨产品可获最大利润？最大利润是多少？

5. 某产品的边际收益函数 $MR=7-2Q$(万元/百台). 若生产该产品的固定成本为 3 万元，每增加 1 百台成本增加 2 万元，试求：

(1) 总收益函数；　　(2) 生产多少台时，总利润最大？最大利润是多少？

(3) 由利润最大的产出水平又生产了 50 台，总利润有何变化？

B 组

1. 求由曲线 $y=x^2$，直线 $y=2x-1$ 与 x 轴所围成图形的面积.

2. 生产某产品的固定成本为 100，边际成本函数 $MC=21.2+0.8Q$，又需求函数 $Q=100-\frac{1}{3}P$，问产量为多少时可获最大利润？最大利润是多少？

§4.8 一阶微分方程

【学习本节要达到的目标】

1. 理解微分方程的基本概念.
2. 会求解可分离变量的微分方程和一阶线性微分方程.

一、微分方程的基本概念

为了深入研究几何、物理、经济等许多实际问题，常常需要寻求问题中有关变量之间的函数关系.而这种函数关系往往不能直接得到，却只能根据这些学科中的某些基本原理，得到所求函数及其导数或微分之间的关系式，这种关系式就是微分方程；然后再从这种关系式中解出所求函数.在自然科学、工程技术及经济学中，很多问题的数学模型是微分方程.微分方程是研究与解决这些问题的重要工具.

我们通过例题来说明微分方程的**一些基本概念**.

例 1 设一条曲线通过点(1,3)，且在该曲线上任一点 $M(x,y)$ 处的切线斜率为 $2x$，求这曲线方程.

解 设所求曲线方程为 $y=f(x)$. 根据导数的几何意义，就是要求一个函数 $y=f(x)$，使其满足关系式

$$\frac{\mathrm{d}y}{\mathrm{d}x}=2x \quad 或 \quad \mathrm{d}y=2x\mathrm{d}x \tag{1}$$

和条件：当 $x=1$ 时，$y=3$.

将(1)式中的 $\mathrm{d}y=2x\mathrm{d}x$ 两端积分，得函数

$$y=x^2+C, \tag{2}$$

其中 C 是任意常数. 将 $x=1, y=3$ 代入(2)式中，得 $C=2$. 于是所求的函数，即曲线方程为

$$y=x^2+2. \tag{3}$$

在例 1 中，我们要求的函数 $y=f(x)$ 是未知的，称为**未知函数**. 根据已知条件，我们没直接得到 y 与 x 的函数关系，但却得到了包含未知函数的导数或微分的等式，即(1)式，这样的等式称为**微分方程**. 由于该微分方程中只含有未知函数的一阶导数，所以称为**一阶微分方程**.

将所得到的函数(2)式或(3)式代入微分方程(1)中，显然，(1)式将成为恒等式，称这样的函数满足微分方程. 凡是满足微分方程的函数，就称为**微分方程的解**.

在函数 $y=x^2+C$ 中含有一个任意常数 C，常数的个数恰与微分方程的阶数相同，这个解称为**一阶微分方程的通解**. 当通解中的任意常数 C 取某一特定值时的解，称为**微分方程的特解**. 用来确定通解中的任意常数 C 取某一特定值的条件，一般称为**初始条件**. 函数 $y=$

x^2+2 是微分方程的特解，当 $x=1$ 时，$y=3$ 是初始条件.

按上述分析，我们有**下述定义**.

含有未知函数的导数或微分的方程称为**微分方程**. 有时为了叙述方便，也把微分方程简称为**方程**.

微分方程中出现的未知函数导数的**最高阶数**，称为**微分方程的阶**.

若将一个函数及其导数代入微分方程中，使微分方程成为恒等式，则此函数称为**微分方程的解**.

含有任意常数的个数等于微分方程的阶数的解，称为**微分方程的通解**；给通解中的任意常数以特定值的解，称为**微分方程的特解**.

用以确定微分方程通解中的任意常数取特定值的条件称为**初始条件**.

一阶微分方程的初始条件是，当自变量取某个特定值时，给出未知函数的值，例如，当 $x=x_0$ 时，$y=y_0$ 或 $y|_{x=x_0}=y_0$.

例 2 验证函数 $y=Ce^{x^2}$ 是微分方程 $\frac{dy}{dx}=2xy$ 的通解. 并求 $y|_{x=0}=1$ 的特解.

解 将 $y=Ce^{x^2}$，$y'=2xCe^{x^2}$ 代入所给微分方程中，有

$$2xCe^{x^2}=2x\cdot Ce^{x^2}.$$

显然，这是恒等式；又因函数 $y=Ce^{x^2}$ 中含有一个任意的常数，故它是所给一阶微分方程的通解.

将初始条件 $x=0$ 时，$y=1$ 代入所给函数中，有

$$1=Ce^0, \quad \text{即} \quad C=1.$$

于是所求特解是 $y=e^{x^2}$.

二、可分离变量的微分方程

形如

$$\frac{dy}{dx}=\varphi(x)\cdot g(y) \tag{4}$$

的微分方程称为**可分离变量**的微分方程. 例如，下列方程都是可分离变量的微分方程：

$$\frac{dy}{dx}=(1+x)(1+y^2), \quad \frac{dy}{dx}=\frac{\cos x+1}{2y},$$

其中，第一个微分方程中 $\varphi(x)=1+x$，$g(y)=(1+y^2)$；第二个微分方程中，$\varphi(x)=\cos x+1$，$g(y)=\frac{1}{2y}$.

这种微分方程用**分离变量法求解. 求解的程序**：

首先，分离变量

$$\frac{1}{g(y)}\mathrm{d}y=\varphi(x)\mathrm{d}x \quad (当\ g(y)\neq 0\ 时).$$

其次,两端分别积分

$$\int\frac{1}{g(y)}\mathrm{d}y=\int\varphi(x)\mathrm{d}x+C,$$

得通解

$$G(y)=\Phi(x)+C,$$

其中 $G(y)$,$\Phi(x)$分别是函数$\dfrac{1}{g(y)}$和 $\varphi(x)$的一个原函数,C 是任意常数.

可分离变量的微分方程也可写成如下形式

$$M_1(x)M_2(y)\mathrm{d}x+N_1(x)N_2(y)\mathrm{d}y=0,$$

分离变量,得

$$\frac{N_2(y)}{M_2(y)}\mathrm{d}y=-\frac{M_1(x)}{N_1(x)}\mathrm{d}x,$$

两端分别积分即可.

例 3 求微分方程 $\dfrac{\mathrm{d}y}{\mathrm{d}x}=\dfrac{y+1}{x+2}$ 的通解.

解 这是可分离变量的微分方程.分离变量,得

$$\frac{1}{y+1}\mathrm{d}y=\frac{1}{x+2}\mathrm{d}x,$$

两端分别积分

$$\int\frac{1}{y+1}\mathrm{d}y=\int\frac{1}{x+2}\mathrm{d}x+C_1,$$

得通解

$$\ln(y+1)=\ln(x+2)+\ln C, \quad 即 \quad y=C(x+2)-1.$$

这里,把任意常数 C_1 记为 $\ln C(C>0)$. 当 $C>0$ 时,$\ln C$ 仍是任意常数.

例 4 求微分方程 $xy'=y\ln y$ 的通解,并求满足初始条件 $y|_{x=1}=\mathrm{e}$ 的特解.

解 这是可分离变量的微分方程.分离变量,得

$$\frac{1}{y\ln y}\mathrm{d}y=\frac{1}{x}\mathrm{d}x,$$

两端分别积分

$$\int\frac{1}{\ln y}\mathrm{d}(\ln y)=\int\frac{1}{x}\mathrm{d}x+\ln C,$$

得通解

$$\ln\ln y=\ln x+\ln C, \quad 即 \quad y=\mathrm{e}^{Cx}.$$

将 $x=1$,$y=\mathrm{e}$ 代入通解中,得 $\mathrm{e}=\mathrm{e}^C$,$C=1$. 所求特解为 $y=\mathrm{e}^x$.

三、一阶线性微分方程

形如

$$\frac{\mathrm{d}y}{\mathrm{d}x}+P(x)y=Q(x) \tag{5}$$

的微分方程,称为**一阶线性微分方程**,其中 $P(x)$,$Q(x)$都是已知的连续函数;$Q(x)$称为自

由项.

这样的方程中所含的 y 和 y' 都是一次的且不含 y 和 y' 的乘积.

当 $Q(x)\neq 0$ 时,(5)式称为**一阶非齐次线性微分方程**;当 $Q(x)\equiv 0$ 时,即

$$\frac{\mathrm{d}y}{\mathrm{d}x}+P(x)y=0 \tag{6}$$

称为与一阶非齐次线性微分方程(5)相对应的**一阶齐次线性微分方程**.

例如,下列方程都是一阶线性微分方程

$$\frac{\mathrm{d}y}{\mathrm{d}x}+y=\mathrm{e}^{-x},\quad \frac{\mathrm{d}y}{\mathrm{d}x}\cos x+y\sin x=1.$$

其中,第一个微分方程中 $P(x)=1,Q(x)=\mathrm{e}^{-x}$;第二个微分方程中 $P(x)=\tan x,Q(x)=\frac{1}{\cos x}$.

一阶线性微分方程用**常数变易法求解,求解的程序**:

首先,求齐次线性微分方程(6)的通解.

微分方程(6)是可分离变量的微分方程,分离变量

$$\frac{\mathrm{d}y}{y}=-P(x)\mathrm{d}x,$$

两端积分,得通解 $\ln y=-\int P(x)\mathrm{d}x+\ln C$, 即 $y=C\mathrm{e}^{-\int P(x)\mathrm{d}x}$. (7)

其次,求非齐次线性微分方程(5)的通解.

在齐次线性微分方程的通解(7)式中,将任意常数 C 换成 x 的函数 $u(x)$,这里 $u(x)$ 是一个待定的函数,即设微分方程(5)有如下形式的解

$$y=u(x)\mathrm{e}^{-\int P(x)\mathrm{d}x}, \tag{8}$$

将其代入(5)式,它应满足该方程,并由此来确定 $u(x)$.

为此,将(8)式对 x 求导,得

$$\frac{\mathrm{d}y}{\mathrm{d}x}=\mathrm{e}^{-\int P(x)\mathrm{d}x}\cdot\frac{\mathrm{d}}{\mathrm{d}x}u(x)-u(x)P(x)\mathrm{e}^{-\int P(x)\mathrm{d}x},$$

把上式和(8)式均代入微分方程(5)中,有

$$\mathrm{e}^{-\int P(x)\mathrm{d}x}\cdot\frac{\mathrm{d}}{\mathrm{d}x}u(x)-u(x)P(x)\mathrm{e}^{-\int P(x)\mathrm{d}x}+P(x)u(x)\mathrm{e}^{-\int P(x)\mathrm{d}x}=Q(x),$$

即

$$\mathrm{d}u(x)=Q(x)\mathrm{e}^{\int P(x)\mathrm{d}x}\mathrm{d}x.$$

两端积分,便得到待定函数 $u(x)$:

$$u(x)=\int Q(x)\mathrm{e}^{\int P(x)\mathrm{d}x}\mathrm{d}x+C,$$

其中 C 是任意常数. 于是一阶非齐次线性微分方程(5)的通解是

$$y = e^{-\int P(x)dx}\left(\int Q(x)e^{\int P(x)dx}dx + C\right), \tag{9}$$

或

$$y = Ce^{-\int P(x)dx} + e^{-\int P(x)dx}\int Q(x)e^{\int P(x)dx}dx. \tag{9'}$$

在(9′)式中，第一项是齐次微分方程(6)的通解，记为 y_C；而第二项则是当 $C=0$ 时的非齐次微分方程(5)的特解，记为 y^*，则

$$y = y_C + y^*.$$

即非齐次微分方程(5)的通解是由其一个特解与相应的齐次微分方程(6)的通解之和组成.

例 5 求微分方程 $\frac{dy}{dx}+\frac{2}{x}y=x^2$ 的通解.

解 这是一阶非齐次线性微分方程，其中 $P(x)=\frac{2}{x}, Q(x)=x^2$.

先求齐次线性微分方程$\frac{dy}{dx}+\frac{2}{x}y=0$ 的通解. 分离变量，得

$$\frac{dy}{y} = -2\frac{dx}{x},$$

两端积分

$$\int\frac{1}{y}dy = -2\int\frac{1}{x}dx + \ln C,$$

得通解

$$\ln y = -2\ln x + \ln C, \quad 即 \quad y = \frac{C}{x^2}.$$

其次，求所给微分方程的通解.

设所给非齐次线性微分方程有如下形式的解

$$y = \frac{u(x)}{x^2},$$

则

$$\frac{dy}{dx} = -2\frac{u(x)}{x^3} + \frac{1}{x^2}\frac{du(x)}{dx}.$$

将 y 和 y' 的表示式代入所给方程中，有

$$-2\frac{u(x)}{x^3} + \frac{1}{x^2}\frac{du(x)}{dx} + \frac{2}{x}\cdot\frac{u(x)}{x^2} = x^2, \quad 即 \quad \frac{du(x)}{dx} = x^4.$$

分离变量，并积分得

$$u(x) = \frac{1}{5}x^5 + C.$$

于是，原方程的通解是

$$y = \frac{1}{x^2}\left(\frac{1}{5}x^5 + C\right) \quad 或 \quad y = \frac{1}{5}x^3 + \frac{C}{x^2}.$$

例 6 求微分方程 $x^2dy+(y-2xy-2x^2)dx=0$ 的通解.

解 将微分方程两端同除以 x^2dx，得

$$\frac{dy}{dx} + \frac{1-2x}{x^2}y - 2 = 0 \quad 或 \quad \frac{dy}{dx} + \frac{1-2x}{x^2}y = 2.$$

这是一阶非齐次线性微分方程.

用通解公式(9)写出通解.因

$$\int P(x)\mathrm{d}x = \int \frac{1-2x}{x^2}\mathrm{d}x = -\frac{1}{x} - \ln x^2,$$

$$\mathrm{e}^{\int P(x)\mathrm{d}x} = \mathrm{e}^{-\frac{1}{x}-\ln x^2} = \frac{1}{x^2}\mathrm{e}^{-\frac{1}{x}}, \quad \mathrm{e}^{-\int P(x)\mathrm{d}x} = \mathrm{e}^{\frac{1}{x}+\ln x^2} = x^2\mathrm{e}^{\frac{1}{x}},$$

$$\int Q(x)\mathrm{e}^{\int P(x)\mathrm{d}x}\mathrm{d}x = \int 2\frac{1}{x^2}\mathrm{e}^{-\frac{1}{x}}\mathrm{d}x = 2\mathrm{e}^{-\frac{1}{x}},$$

于是,原微分方程的通解是

$$y = x^2\mathrm{e}^{\frac{1}{x}}(2\mathrm{e}^{-\frac{1}{x}} + C) = x^2(2 + C\mathrm{e}^{\frac{1}{x}}).$$

四、微分方程应用举例

例 7 求逻辑斯谛(logistic)微分方程$\frac{\mathrm{d}y}{\mathrm{d}t}=\alpha y(N-y)$的通解,其中 $\alpha>0$ 是常数,N 是常数且 $N>y>0$.

解 这是可分离变量的微分方程.分离变量

$$\frac{\mathrm{d}y}{y(N-y)} = \alpha\mathrm{d}t,$$

即
$$\frac{N-y+y}{y(N-y)}\mathrm{d}y = \alpha N\mathrm{d}t \quad 或 \quad \left(\frac{1}{y}+\frac{1}{N-y}\right)\mathrm{d}y = \alpha N\mathrm{d}t.$$

两端积分,得
$$\ln y - \ln(N-y) = \alpha Nt + \ln C,$$

化简
$$\frac{y}{N-y} = \mathrm{e}^{\alpha Nt+\ln C},$$

整理得通解
$$y = \frac{CN\mathrm{e}^{\alpha Nt}}{1+C\mathrm{e}^{\alpha Nt}} = \frac{N}{1+\frac{1}{C}\mathrm{e}^{-\alpha Nt}} \quad (C>0 是任意常数).$$

该解的图形称为逻辑斯谛曲线,如图 4-16 所示.

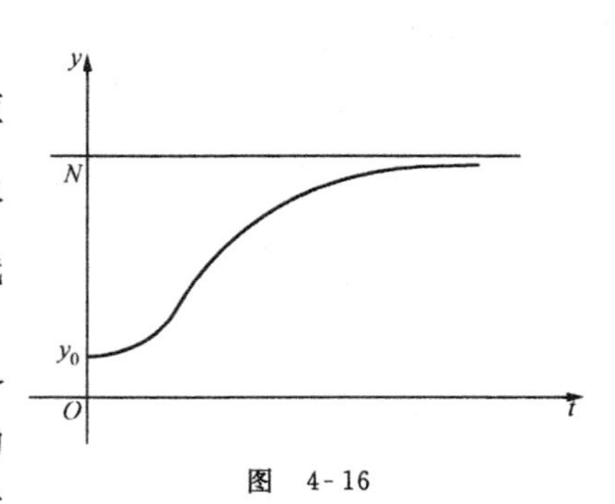

图 4-16

逻辑斯谛方程在经济、生物等学科中有着广泛的应用:当函数 $y=f(t)$的变化率$\frac{\mathrm{d}y}{\mathrm{d}t}$与其时刻 t 的 y 值及 $N-y$(N 是饱和值)都成正比时,则 y 是按逻辑斯谛曲线变化的.请看下面的例题.

例 8(技术推广模型) 一项新技术要在总数为 N 个的企业群体中推广.$P=P(t)$为时刻 t 已掌握该项技术的企业数.新技术推广采用已掌握该项技术的企业向尚未掌握该项技术的企业扩展,若推广的速度与已掌握该项技术的企业数 P 及尚未掌握该项技

术的企业数 $N-P$ 成正比. 求 $P=P(t)$ 所满足的微分方程,并求微分方程的解.

解　新技术推广的速度应是$\frac{\mathrm{d}P}{\mathrm{d}t}$. 依题设,有微分方程

$$\frac{\mathrm{d}P}{\mathrm{d}t}=kP(N-P),$$

其中 $k>0$ 是比例系数.

显然,这是逻辑斯谛微分方程,方程中的 N 是饱和值. 微分方程的通解是

$$P(t)=\frac{N}{1+\frac{1}{C}\mathrm{e}^{-kNt}}\quad(C>0\text{ 是任意常数}).$$

这就是技术推广模型.

例 9(人口增长模型)　某地区,在任何时刻 t,人口增加的速度与当时人口数量成正比,若以 $P=P(t)$表示时刻 t 的人口数,且 $t=0$ 时的人口数为 P_0,则有如下微分方程及初始条件:

$$\begin{cases}\frac{\mathrm{d}P}{\mathrm{d}t}=rP,\\ P|_{t=0}=P_0,\end{cases}$$

其中 $r>0$ 是比例系数.

这是可分离变量的微分方程. 易求得其通解为

$$P=C\mathrm{e}^{rt}.$$

由初始条件 $P|_{t=0}=P_0$ 可得其特解为

$$P=P_0\mathrm{e}^{rt}.$$

这是人口增长的指数模型.

上式表明,人口随时间延续按指数形式增长,且当 $t\to+\infty$时,$P=P_0\mathrm{e}^{rt}\to+\infty$. 这种增长是人类无法承受的. 该模型中忽略了资源与环境对人口增长的限制. 若考虑资源与环境的因素,可将模型中的常数 r 视为人口数 P 的函数,且应是 P 的减函数. 特别是当 P 达到某一最大允许量 P_{M} 时,应停止增长. 基于上述想法,可令

$$r(P)=k\left(1-\frac{P}{P_{\mathrm{M}}}\right)=\frac{k}{P_{\mathrm{M}}}(P_{\mathrm{M}}-P)\quad(k>0\text{ 是常数}).$$

由此导出的微分方程及初始条件是

$$\begin{cases}\frac{\mathrm{d}P}{\mathrm{d}t}=\frac{k}{P_{\mathrm{M}}}(P_{\mathrm{M}}-P)P\quad(k>0\text{ 是常数}),\\ P|_{t=0}=P_0.\end{cases}$$

若将上述方程中的$\frac{k}{P_{\mathrm{M}}}$看做是逻辑斯谛方程中的比例系数 α,P_{M} 是饱和值,该微分方程也是逻辑斯谛方程. 其通解是

$$P=\frac{P_{\mathrm{M}}}{1+\frac{1}{C}\mathrm{e}^{-kt}}.$$

将 $t=0$ 时，$P=P_0$ 代入上式，得 $C=\frac{P_0}{P_{\mathrm{M}}-P_0}$. 于是人口增长模型是

$$P=\frac{P_{\mathrm{M}}}{1+\left(\frac{P_{\mathrm{M}}}{P_0}-1\right)\mathrm{e}^{-kt}}.$$

显然，有

$$\lim_{t\to+\infty}P=\lim_{t\to+\infty}\frac{P_{\mathrm{M}}}{1+\left(\frac{P_{\mathrm{M}}}{P_0}-1\right)\mathrm{e}^{-kt}}=P_{\mathrm{M}}.$$

若适当选择模型中的参数 k，可利用该模型预测未来人口数. 实际上，除人口外，上述模型还可用来讨论一般生物种群的变化规律.

例 10 某公司的净资产 W(单位：万元)因资产本身产生的利息以 5%的年利率增加，同时公司每年还必须以 200 万元的数额连续支付职工的工资：

(1) 列出描述净资产 W 的微分方程；

(2) 假设公司的初始净资产为 W_0(单位：万元)，求净资产 $W(t)$的表达式；

(3) 求当初始净资产 W_0 分别为 3000 万元，4000 万元和 5000 万元的特解，并解释今后公司净资产的变化特点.

解 (1) 若以 $W=W(t)$表示净资产的变化情况，则净资产增加的速度为

$$\frac{\mathrm{d}W}{\mathrm{d}t}=0.05W-200. \tag{10}$$

(2) 这是在初始条件 $W(t)|_{t=0}=W_0$ 下，求上述微分方程的特解.

上述(10)式是可分离变量的微分方程，可求得其通解为

$$W=C\mathrm{e}^{0.05t}+4000.$$

由 $t=0$ 时，$W=W_0$，可求得 $C=W_0-4000$. 于是，所求净资产 $W(t)$的表达式为

$$W(t)=4000+(W_0-4000)\mathrm{e}^{0.05t}.$$

(3) 当初始净资产 $W_0=3000$ 万元时，净资产的表达式为

$$W=4000-1000\mathrm{e}^{0.05t}.$$

由上式可解得，当 $t=27.7$ 时，$W=0$. 这说明从第 28 年起，净资产将为负值.

当初始净资产 $W_0=4000$ 万元时，净资产的表达式为

$$W=4000.$$

这说明净资产将长期稳定不变.

当初始净资产 $W_0=5000$ 万元时，净资产的表达式为

$$W=4000+1000\mathrm{e}^{0.05t}.$$

这说明净资产将以指数形式增加.

习 题 4.8

A 组

1. 验证所给函数是已知微分方程的解,并说明是通解还是特解:

(1) 函数 $y=\tan\left(\dfrac{x^2}{2}+C\right)$,微分方程$\dfrac{dy}{dx}=x(1+y^2)$;

(2) 函数 $y=2\ln x-x+2$,微分方程 $y'-\dfrac{1}{x}y=-\dfrac{2}{x}\ln x$.

2. 求下列微分方程的通解或满足初始条件的特解:

(1) $\dfrac{dy}{dx}=\dfrac{y-1}{x+1}$;　　(2) $(1+y^2)dx=xdy$;

(3) $y'\sin x-y\cos x=0, y|_{x=\frac{\pi}{2}}=1$;　　(4) $(y+3)dx+\cot x dy=0, y|_{x=0}=1$.

3. 求下列微分方程的通解或满足初始条件的特解:

(1) $\dfrac{dy}{dx}+\dfrac{y}{x}=e^{-x}$;　　(2) $\dfrac{dy}{dx}+2xy=4x$;

(3) $xy'+2y=x^4, y|_{x=1}=\dfrac{1}{6}$;　　(4) $y'-y=\cos x, y|_{x=0}=0$.

4. 求过点(0,−2)的一条曲线,使每一点处切线的斜率都比这点的纵坐标大 3.

B 组

1. 已知某商品的需求价格弹性 $E_d=0.04P$,且对该商品的最大需求 $Q=1000$,试求需求函数.

2. 设一机械设备在任意时刻 t 以常数比率贬值. 若设备全新时价值为 10000 元,5 年末价值为 3000 元,求该设备在出厂 10 年末的价值.

总 习 题 四

1. 填空题:

(1) 设 $f(x)$是函数 $\cos x$ 的一个原函数,则$\int f(x)dx=$ ________.

(2) $\int xf(x^2)f'(x^2)dx=$ ________.

(3) 设 $f(x), f'(x)$均为已知,则$\int xf''(x)dx=$ ________.

(4) $\int_{-1}^{1}(1-\sin^3 x)\dfrac{1}{1+x^2}dx=$ ________.

(5) 设函数 $f(x)=\begin{cases}0, & x<0,\\ \lambda e^{-\lambda x}, & x\geqslant 0\end{cases}$ $(\lambda>0)$，则 $\int_{-\infty}^{+\infty} f(x)\,dx=$ ________.

2. 单项选择题：

(1) $\int \frac{1}{1+x^2}dx \neq$ (　　).

(A) $\operatorname{arccot}\frac{1}{x}+C$　(B) $\arctan x+C$　(C) $\arctan\frac{1}{x}+C$　(D) $\frac{1}{2}\arctan\frac{2x}{1-x^2}+C$

(2) 设 $n\int_0^1 xf'(2x)dx=\int_0^2 tf'(t)dt$，则 $n=$ (　　).

(A) 1　(B) 2　(C) 3　(D) 4

(3) 设 $\int \frac{f(x)}{\sin^2 x}dx = g(x)\cdot f(x)+\int \cot^2 x dx$，则 $f(x)$，$g(x)$ 分别是(　　).

(A) $f(x)=\ln\sin x, g(x)=\tan x$　(B) $f(x)=\ln\sin x, g(x)=-\cot x$

(C) $f(x)=\ln\cos x, g(x)=\tan x$　(D) $f(x)=\ln\cos x, g(x)=-\cot x$

(4) 设函数 $f(x)$在闭区间$[a,b]$上连续，则曲线 $y=f(x)$，直线 $x=a, x=b, y=0$ 所围成的平面图形的面积等于(　　).

(A) $\int_a^b f(x)dx$　(B) $-\int_a^b f(x)dx$　(C) $\left|\int_a^b f(x)dx\right|$　(D) $\int_a^b |f(x)|dx$

(5) 设 y^* 是一阶非齐次线性微分方程 $y'+P(x)y=Q(x)$的一个特解，则该微分方程的通解是(　　).

(A) $y=y^*+e^{-\int P(x)dx}$　(B) $y=y^*+Ce^{-\int P(x)dx}$

(C) $y=y^*+e^{-\int P(x)dx}+C$　(D) $y=y^*+Ce^{\int P(x)dx}$

3. 计算下列积分：

(1) $\int \frac{4x^2-1}{1+x^2}dx$；　(2) $\int \frac{1}{\cos^2 x\sqrt{1+\tan x}}dx$；　(3) $\int \ln(x+\sqrt{1+x^2})dx$；

(4) $\int_0^4 \frac{x+2}{\sqrt{2x+1}}dx$；　(5) $\int_0^{\sqrt{2}} x^2\sqrt{2-x^2}dx$；　(6) $\int_0^{\pi} x\sin 2x dx$.

4. 计算广义积分 $\int_{-\infty}^{+\infty}\frac{1}{x^2+2x+2}dx$.

5. 求由抛物线 $y=1-x^2$ 及其在点(1,0)处的切线和 y 轴所围成的平面图形的面积.

6. 求微分方程 $\frac{dy}{dx}\cos x+y\sin x=1$ 满足初始条件 $y|_{x=0}=1$ 的特解.

第五章 多元函数微分学

在自然科学和经济管理的很多问题中，所研究的函数往往依赖于多个自变量，这就是多元函数．本章将在一元函数微分学的基础上，介绍多元函数的相关内容．主要介绍二元函数的偏导数、极值及其应用．

§5.1 多元函数概念

【学习本节要达到的目标】

理解二元函数概念．

一、平面区域

1. 平面区域

一般来说，整个 Oxy 平面或由 Oxy 平面上的一条或几条曲线所围成的一部分平面，称为 Oxy 平面的**平面区域**．平面区域简称为**区域**．围成区域的曲线称为**区域的边界**，边界上的点称为**边界点**．平面区域一般分类如下：

无界区域：区域可以延伸到平面的无限远处．

有界区域：区域可以包围在一个以原点(0,0)为中心，以适当的长为半径的圆内．

闭区域：包括边界在内的区域．

开区域：不包括边界在内的区域．

平面区域用 D 表示．

2. 点 P_0 的 δ 邻域

在 Oxy 平面上，以点 $P_0(x_0,y_0)$ 为中心，$\delta(\delta>0)$ 为半径的开区域，称为点 $P_0(x_0,y_0)$ 的 δ **邻域**．它可以表示为

$$\{(x,y) \mid \sqrt{(x-x_0)^2+(y-y_0)^2}<\delta\},$$

或简记为

$$\sqrt{(x-x_0)^2+(y-y_0)^2}<\delta.$$

二、多元函数概念

先看下面的例子：

例 1 矩形面积 A 与它的长 x、宽 y 有如下关系

$$A = xy \quad (x > 0, y > 0).$$

当 x,y 取定值后，面积 A 有唯一确定的值与之对应.

例 2 在生产某种产品时，产量 Q 与劳动力 L 和资金 K 的投入之间有如下关系

$$Q = AL^{\alpha}K^{\beta}, \quad \text{其中 } A,\alpha,\beta \text{ 为正常数}.$$

当 L,K 取定值后，产量 Q 就有唯一确定的值与之对应.

像这样，一个变量的变化依赖于两个变量变化的函数，就是二元函数.

定义 设 x,y 和 z 是三个变量，D 是平面上的一个非空点集. 若对于每一个 $(x,y)\in D$，按照某一确定的对应法则 f，变量 z 总有唯一确定的数值与之对应，则称 z 是 x,y 的**二元函数**. 记为

$$z = f(x,y), \quad (x,y) \in D,$$

其中 x,y 称为**自变量**，z 称为**因变量**，D 称为**该函数的定义域**.

定义域 D 是自变量 x,y 的取值范围，也就是使函数 $z=f(x,y)$ 有意义的平面上 (x,y) 的点集. 由此，若 x,y 取定点 $(x_0,y_0)\in D$ 时，则称该函数在 (x_0,y_0) **有定义**；与 (x_0,y_0) 相对应的 z 的数值称为函数在点 (x_0,y_0) 的**函数值**，记为

$$f(x_0,y_0) \quad \text{或} \quad z\big|_{(x_0,y_0)}.$$

当 (x,y) 取遍点集中的所有点时，对应函数值全体构成的数集

$$Z = \{z \mid f(x,y),\ (x,y) \in D\}$$

称为**函数的值域**.

例 3 求函数 $z=\sqrt{4-x^2-y^2}$ 的定义域.

解 求二元函数的定义域与一元函数类似，就是求使函数表达式有意义的自变量的取值范围. 要使函数表达式有意义，只需被开方数非负，即

$$4 - x^2 - y^2 \geqslant 0, \quad \text{或} \quad x^2 + y^2 \leqslant 4.$$

所以，所求函数的定义域 $D=\{(x,y)\,|\,x^2+y^2\leqslant 4\}$（图 5-1），这是一个以原点为圆心，以 2 为半径的圆形闭区域.

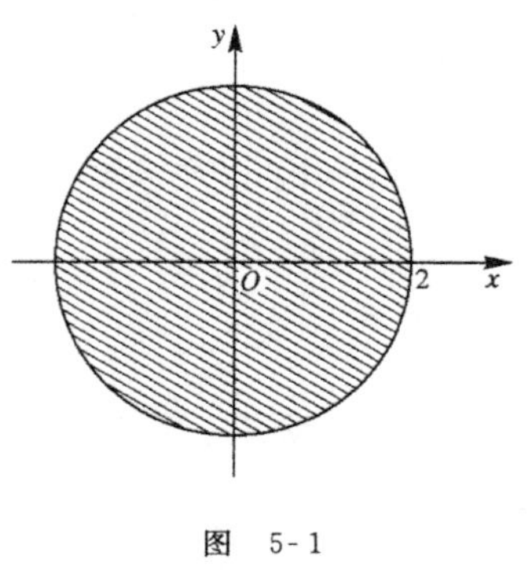

图 5-1

例 4 已知 $f(x,y)=\dfrac{2xy}{x^2+y^2}$，求 $f(-2,1)$，$f\left(\dfrac{y}{x},3\right)$.

解 这是求函数值. 在 $f(x,y)$ 的表示式中，以 -2 代换 x，1 代换 y，便得到

$$f(-2,1) = \frac{2\cdot(-2)\cdot 1}{(-2)^2+1^2} = -\frac{4}{5}.$$

同样，在 $f(x,y)$ 的表示式中，以 $\frac{y}{x}$ 代换 x，3 代换 y，得

$$f\left(\frac{y}{x},3\right)=\frac{2\frac{y}{x}\cdot 3}{\left(\frac{y}{x}\right)^2+3^2}=\frac{6xy}{y^2+9x^2}.$$

类似地，可以定义三元函数

$$u=f(x,y,z),$$

即三个自变量 x,y,z 按照对应法则 f 对应因变量 u.

二元及二元以上的函数统称为**多元函数**.

设二元函数 $z=f(x,y)$ 在点 $P_0(x_0,y_0)$ 的某邻域内有定义，则二元函数也有类似于一元函数在点 $P_0(x_0,y_0)$ 有极限和在点 $P_0(x_0,y_0)$ 连续的概念.

习 题 5.1

A 组

1. 求下列函数的定义域：

(1) $z=\ln(x+y)$；　　(2) $z=\sqrt{1-x^2}+\sqrt{1-y^2}$.

2. 求下列函数的函数值：

(1) 设 $f(x,y)=x^2+y^2-\frac{x}{y}$，求 $f(1,2)$，$f\left(a,\frac{1}{a}\right)$；

(2) 设 $f(x,y)=\frac{xy}{x+y}$，求 $f(x+y,x-y)$.

B 组

1. 设 $f(x+y,x-y)=2(x^2+y^2)e^{x^2-y^2}$，求 $f(x,y)$.

2. 设 $f(K,L)=AK^{1-\alpha}L^{\alpha}(0<\alpha<1)$，则 $f(\lambda K,\lambda L)=\lambda f(K,L)$.

§5.2 偏 导 数

【学习本节要达到的目标】

1. 理解二元函数偏导数概念.
2. 熟练掌握求二元函数偏导数的方法.
3. 会求二元函数的二阶偏导数.

一、偏导数

在研究一元函数时，由函数变化率引入了导数的概念. 对于多元函数同样需要讨论变化率问题，但由于多元函数的自变量不止一个，使得问题变得复杂得多. 为此，我们可以研究多元函数其中一个自变量变化，而其余变量不变的情形，从而转化为一元函数变化率的问题. 下面以二元函数为例，讨论多元函数的偏导数.

定义 设函数 $z=f(x,y)$ 在点 (x_0,y_0) 的某一邻域内有定义，当 y_0 固定不变，x 在 x_0 处有改变量为 Δx 时，相应的函数 z 的改变量为

$$\Delta_x z = f(x_0+\Delta x, y_0) - f(x_0,y_0).$$

若极限

$$\lim_{\Delta x\to 0}\frac{\Delta_x z}{\Delta x} = \lim_{\Delta x\to 0}\frac{f(x_0+\Delta x,y_0)-f(x_0,y_0)}{\Delta x}$$

存在，则称此极限值为函数 $z=f(x,y)$ 在**点** (x_0,y_0) **处对** x **的偏导数**，记为

$$f_x(x_0,y_0),\quad z_x\big|_{(x_0,y_0)},\quad \frac{\partial z}{\partial x}\bigg|_{(x_0,y_0)},\quad \frac{\partial f}{\partial x}\bigg|_{(x_0,y_0)}.$$

类似地，若极限

$$\lim_{\Delta y\to 0}\frac{\Delta_y z}{\Delta y} = \lim_{\Delta y\to 0}\frac{f(x_0,y_0+\Delta y)-f(x_0,y_0)}{\Delta y}$$

存在，则称此极限值为函数 $z=f(x,y)$ 在点 (x_0,y_0) 处**对** y **的偏导数**，记为

$$f_y(x_0,y_0),\quad z_y\big|_{(x_0,y_0)},\quad \frac{\partial z}{\partial y}\bigg|_{(x_0,y_0)},\quad \frac{\partial f}{\partial y}\bigg|_{(x_0,y_0)}.$$

若函数 $z=f(x,y)$ 在平面区域 D 内的每一点 (x,y) 处都存在对 x、对 y 的偏导数，则称函数 $z=f(x,y)$ 在 D 内存在对 x、对 y 的偏导函数，简称**偏导数**. 分别记为

$$f_x,\ z_x,\ \frac{\partial z}{\partial x},\ \frac{\partial f}{\partial x};\quad f_y,\ z_y,\ \frac{\partial z}{\partial y},\ \frac{\partial f}{\partial y}.$$

由上述定义知，函数 $z=f(x,y)$ 在点 (x_0,y_0) 处对 x 的偏导数、对 y 的偏导数，正是 z 对 x 的偏导函数、对 y 的偏导函数在点 (x_0,y_0) 处的函数值，即

$$f_x(x_0,y_0) = f_x(x,y)\big|_{(x_0,y_0)},\quad f_y(x_0,y_0) = f_y(x,y)\big|_{(x_0,y_0)}.$$

由二元函数偏导数的定义可知，求二元函数对某个自变量的偏导数，只需把另外一个变量看做常量，用一元函数求导法求导即可.

例 1 设 $z=x^3-2x^2y+2y^3$，求 $\frac{\partial z}{\partial x},\frac{\partial z}{\partial y}$.

解 把 y 看做常量，对 x 求导得 $\frac{\partial z}{\partial x}=3x^2-4xy$.

把 x 看做常量，对 y 求导得 $\frac{\partial z}{\partial y}=-2x^2+6y^2$.

例 2 求 $z=x^y(x>0,x\neq 1)$的偏导数.

解 把 y 看做常量,对 x 求导,$z=x^y$ 是 x 的幂函数,得 $\dfrac{\partial z}{\partial x}=yx^{y-1}$.

把 x 看做常量,对 y 求导,$z=x^y$ 是 y 的指数函数,得 $\dfrac{\partial z}{\partial y}=x^y\ln x$.

例 3 求函数 $f(x,y)=\ln(x^2+2y^2)$在$(1,2)$处的偏导数.

解 先求偏导函数

$$f_x(x,y)=\frac{2x}{x^2+2y^2},\quad f_y(x,y)=\frac{4y}{x^2+2y^2}.$$

于是,在$(1,2)$处的偏导数

$$f_x(1,2)=\left.\frac{2x}{x^2+2y^2}\right|_{(1,2)}=\frac{2}{9},\quad f_y(1,2)=\left.\frac{4y}{x^2+2y^2}\right|_{(1,2)}=\frac{8}{9}.$$

这里需说明,偏导数的记号$\dfrac{\partial z}{\partial x}$,$\dfrac{\partial z}{\partial y}$是一个整体记号,比如$\dfrac{\partial z}{\partial x}$不能理解成 ∂z 与 ∂x 的商. 这一点与一元函数的记号$\dfrac{\mathrm{d}y}{\mathrm{d}x}$不同,$\dfrac{\mathrm{d}y}{\mathrm{d}x}$可以看成函数的微分 $\mathrm{d}y$ 与自变量的微分 $\mathrm{d}x$ 的商.

二元以上的函数的偏导数有类似于二元函数偏导数的定义.

二、二阶偏导数

二元函数 $z=f(x,y)$的两个偏导数$\dfrac{\partial z}{\partial x}$,$\dfrac{\partial z}{\partial y}$,一般情况下,仍是 x,y 的函数. 若$\dfrac{\partial z}{\partial x}$,$\dfrac{\partial z}{\partial y}$对 x,对 y 的偏导数存在,则称这两个偏导数分别对 x,y 的偏导数为 $z=f(x,y)$的**二阶偏导数**.

根据对自变量 x,y 求导次序的不同,这样的偏导数共有四个,分别为

$$\frac{\partial}{\partial x}\left(\frac{\partial z}{\partial x}\right)=\frac{\partial^2 z}{\partial x^2}=z_{xx}=f_{xx}(x,y),\quad \frac{\partial}{\partial y}\left(\frac{\partial z}{\partial x}\right)=\frac{\partial^2 z}{\partial x\partial y}=z_{xy}=f_{xy}(x,y),$$

$$\frac{\partial}{\partial x}\left(\frac{\partial z}{\partial y}\right)=\frac{\partial^2 z}{\partial y\partial x}=z_{yx}=f_{yx}(x,y),\quad \frac{\partial}{\partial y}\left(\frac{\partial z}{\partial y}\right)=\frac{\partial^2 z}{\partial y^2}=z_{yy}=f_{yy}(x,y).$$

其中的 $f_{xy}(x,y)$是先对 x 求偏导数,再对 y 求偏导数;而 $f_{yx}(x,y)$是先对 y 求偏导数,再对 x 求偏导数.

例 4 求函数 $z=x^3y^2-3x^2+2y^3$ 的二阶偏导数.

解 先求一阶偏导数:

$$\frac{\partial z}{\partial x}=3x^2y^2-6x,\quad \frac{\partial z}{\partial y}=2x^3y+6y^2.$$

再求二阶偏导数:

$$\frac{\partial^2 z}{\partial x^2}=\frac{\partial}{\partial x}\left(\frac{\partial z}{\partial x}\right)=6xy^2-6,\quad \frac{\partial^2 z}{\partial x\partial y}=\frac{\partial}{\partial y}\left(\frac{\partial z}{\partial x}\right)=6x^2y,$$

$$\frac{\partial^2 z}{\partial y^2}=\frac{\partial}{\partial y}\left(\frac{\partial z}{\partial y}\right)=2x^3+12y,\quad \frac{\partial^2 z}{\partial y\partial x}=\frac{\partial}{\partial x}\left(\frac{\partial z}{\partial y}\right)=6x^2y.$$

该例题中有 $f_{xy}(x,y)=f_{yx}(x,y)$ 这不是偶然的. 我们有以下一般的结论：若函数 $z=f(x,y)$ 的二阶偏导数 $f_{xy}(x,y)$ 和 $f_{yx}(x,y)$ 在区域 D 内连续，则在 D 内，必有

$$f_{xy}(x,y)=f_{yx}(x,y).$$

例 5 设 $f(x,y)=\sin(xy^2)$，求 $f_{xx}(1,1)$，$f_{yx}(\pi/2,1)$.

解 先求二阶偏导数.

$$\begin{aligned} f_x(x,y)&=\cos(xy^2)\cdot y^2=y^2\cos(xy^2), \\ f_{xx}(x,y)&=y^2[-\sin(xy^2)\cdot y^2]=-y^4\sin(xy^2); \\ f_y(x,y)&=\cos(xy^2)\cdot x\cdot 2y=2xy\cos(xy^2), \\ f_{yx}(x,y)&=2y\cos(xy^2)+2xy[-\sin(xy^2)\cdot y^2] \\ &=2y\cos(xy^2)-2xy^3\sin(xy^2). \end{aligned}$$

再求定点的值

$$f_{xx}(1,1)=-y^4\sin(xy^2)\big|_{(1,1)}=-\sin1,$$

$$f_{yx}(\pi/2,1)=[2y\cos(xy^2)-2xy^3\sin(xy^2)]\big|_{(\pi/2,1)}=-\pi.$$

习 题 5.2

A 组

1. 求下列函数的偏导数：

(1) $z=x^3y-3x^2y^3$； (2) $z=e^{xy}$； (3) $z=x\ln y+y\ln x$；

(4) $z=\sqrt{x^2+y^2}$； (5) $z=\sin(xy)$； (6) $z=x^2\cos2y$.

2. 设 $f(x,y)=x+y-\sqrt{x^2+y^2}$，求 $f_x(3,4)$，$f_y(4,3)$.

3. 求下列函数的二阶偏导数：

(1) $z=x^2e^y$； (2) $z=x^y$； (3) $z=x\ln(x+y)$； (4) $z=\arctan\dfrac{y}{x}$.

B 组

1. 求下列函数的偏导数：

(1) $z=\dfrac{x}{\sqrt{x^2+y^2}}$； (2) $z=\ln\sin(x-2y)$；

(3) $z=x^3\ln(x^3+y^3)$； (4) $z=(1+xy)^x$.

2. 设 $f(x,y)=x+(y-1)\ln\sin\sqrt{\dfrac{x}{y}}$，求 $f_x(x,1)$.

3. 设 $z=\ln(\sqrt{x}+\sqrt{y})$，试证：$x\dfrac{\partial z}{\partial x}+y\dfrac{\partial z}{\partial y}=\dfrac{1}{2}$.

4. 设 $u=\ln(\tan x+2\tan y+3\tan z)$，求 $\frac{\partial u}{\partial x},\frac{\partial u}{\partial y},\frac{\partial u}{\partial z}$.

§5.3　多元函数的极值

【学习本节要达到的目标】

1. 了解二元函数极值的概念.
2. 会求二元函数的极值.
3. 会求解二元函数极值的应用问题.

一、多元函数的极值

与一元函数微分学类似，我们可以利用多元函数的偏导数讨论多元函数的极值和最值，本节以二元函数为例进行讨论.

1. 极值的定义

定义　设函数 $z=f(x,y)$ 在点 (x_0,y_0) 的某邻域内有定义，若对于该邻域内异于点 (x_0,y_0) 的任一点 (x,y)，都有

$$f(x,y)<f(x_0,y_0)\quad (\text{或 } f(x,y)>f(x_0,y_0))$$

成立，则称 $f(x_0,y_0)$ 为 $f(x,y)$ 的**极大值**（或**极小值**），点 (x_0,y_0) 称为**极大值点**（或**极小值点**）.

极大值和极小值统称为**极值**；极大值点和极小值点统称为**极值点**.

例如，函数 $f(x,y)=\sqrt{4-x^2-y^2}$ 在点 $(0,0)$ 处有极大值 $f(0,0)=2$，点 $(0,0)$ 为极大值点. 这是因为在点 $(0,0)$ 的某邻域内，对任意的点 $(x,y)\neq(0,0)$，都有

$$f(x,y)=\sqrt{4-x^2-y^2}<\sqrt{4}=2=f(0,0).$$

又如，函数 $f(x,y)=\sqrt{x^2+y^2}$ 在点 $(0,0)$ 处有极小值 $f(0,0)=0$，点 $(0,0)$ 为极小值点. 这是因为在点 $(0,0)$ 的某邻域内，对任意的点 $(x,y)\neq(0,0)$，都有

$$f(x,y)=\sqrt{x^2+y^2}>0=f(0,0).$$

2. 极值的求法

对于上面两个比较简单的例子，可以用定义直接判断函数的极值. 对于一般的二元函数求其极值，我们可以依照对一元函数极值的讨论，有下面结论：

定理 1（极值存在的必要条件）　设函数 $z=f(x,y)$ 在点 (x_0,y_0) 处的两个偏导数都存在，且在该点处取得极值，则

$$f_x(x_0,y_0)=0,\quad f_y(x_0,y_0)=0.$$

事实上，由于 $f(x,y)$ 在点 (x_0,y_0) 处两个偏导数存在，若固定 $y=y_0$，则 $z=f(x,y_0)$ 便

是 x 的一元函数，且在 x_0 取得极值，根据一元函数极值存在的必要条件可知

$$f_x(x_0,y_0)=0.$$

同理

$$f_y(x_0,y_0)=0.$$

使 $f_x(x_0,y_0)=0, f_y(x_0,y_0)=0$ 同时成立的点 (x_0,y_0) 称为函数 $f(x,y)$ 的**驻点**.

由定理 1 可知，对于偏导数存在的函数，其极值点一定是驻点. 但驻点未必是极值点. 例如，函数 $f(x,y)=xy$，点 $(0,0)$ 是其驻点，且 $f(0,0)=0$. 但点 $(0,0)$ 不是极值点. 因为在点 $(0,0)$ 的任一邻域内，函数值既有正值也有负值.

定理 2（极值存在的充分条件） 设函数 $z=f(x,y)$ 在点 (x_0,y_0) 的某邻域内有一阶和二阶连续偏导数，且 $f_x(x_0,y_0)=0$，$f_y(x_0,y_0)=0$. 记

$$A=f_{xx}(x_0,y_0),\quad B=f_{xy}(x_0,y_0),\quad C=f_{yy}(x_0,y_0).$$

(1) 当 $B^2-AC<0$ 时，点 (x_0,y_0) 是极值点，且当 $A<0$（或 $C<0$）时，点 (x_0,y_0) 是函数的极大值点；当 $A>0$（或 $C>0$）时，点 (x_0,y_0) 是极小值点；

(2) 当 $B^2-AC>0$ 时，点 (x_0,y_0) 不是极值点；

(3) 当 $B^2-AC=0$ 时，点 (x_0,y_0) 可能是极值点，也可能不是极值点.

例 1 求函数 $f(x,y)=x^3-4x^2+2xy-y^2$ 的极值.

解 解方程组

$$\begin{cases} f_x(x,y)=3x^2-8x+2y=0, \\ f_y(x,y)=2x-2y=0 \end{cases}\quad \text{得驻点}\quad (0,0),(2,2).$$

函数的二阶偏导数为

$$f_{xx}=6x-8,\quad f_{xy}=2,\quad f_{yy}=-2.$$

对于点 $(0,0)$：

$$A=f_{xx}(0,0)=-8,\quad B=f_{xy}(0,0)=2,\quad C=f_{yy}(0,0)=-2.$$

由于 $B^2-AC=-12<0$，且 $A=-8<0$，所以驻点 $(0,0)$ 是极大值点，极大值为 $f(0,0)=0$.

对于点 $(2,2)$：

$$A=f_{xx}(2,2)=4,\quad B=f_{xy}(2,2)=2,\quad C=f_{yy}(2,2)=-2.$$

由于 $B^2-AC=12>0$，所以驻点 $(2,2)$ 不是极值点.

二、最大值与最小值应用问题

对于实际问题中的最大值或最小值，根据问题本身可以判定函数在其定义域 D 内一定有最大值或最小值时，若函数在其定义域内有唯一的驻点，则该点的函数值就是所求的最大值或最小值.

例 2 要做一个容积为 V 的有盖的长方体箱子，试问箱子各边的尺寸多大时，所用材料最省？

解 设箱子的长、宽分别为 x,y,则高为$\frac{V}{xy}$.箱子的表面积为

$$A=2\left(xy+y\cdot\frac{V}{xy}+x\cdot\frac{V}{xy}\right)=2\left(xy+\frac{V}{x}+\frac{V}{y}\right)\quad(x>0,y>0).$$

求偏导数,得
$$\frac{\partial A}{\partial x}=2\left(y-\frac{V}{x^2}\right),\quad \frac{\partial A}{\partial y}=2\left(x-\frac{V}{y^2}\right).$$

解方程组

$$\begin{cases}\dfrac{\partial A}{\partial x}=2\left(y-\dfrac{V}{x^2}\right)=0,\\ \dfrac{\partial A}{\partial y}=2\left(x-\dfrac{V}{y^2}\right)=0\end{cases}\quad 得驻点(\sqrt[3]{V},\sqrt[3]{V}).$$

由于驻点唯一,根据问题的实际意义可知,在驻点$(\sqrt[3]{V},\sqrt[3]{V})$处必有最小值,此时高为$\frac{V}{\sqrt[3]{V}\cdot\sqrt[3]{V}}=\sqrt[3]{V}$,故当箱子的长、宽、高均为$\sqrt[3]{V}$时,用料最省.

例 3 某工厂生产 A,B 两种产品,其销售单价分别为 $P_A=12,P_B=18$.总成本函数为
$$C=2Q_1^2+Q_1Q_2+2Q_2^2,$$
其中 Q_1,Q_2 分别为 A,B 产品的产量.试问两种产品的产量为多少时,可获得最大利润?最大利润为多少?

解 收益函数为

$$R(Q_1,Q_2)=12Q_1+18Q_2,$$

利润函数为

$$\pi(Q_1,Q_2)=R(Q_1,Q_2)-C(Q_1,Q_2)=12Q_1+18Q_2-2Q_1^2-Q_1Q_2-2Q_2^2.$$

由
$$\begin{cases}\dfrac{\partial\pi}{\partial Q_1}=12-4Q_1-Q_2=0,\\ \dfrac{\partial\pi}{\partial Q_2}=18-Q_1-4Q_2=0\end{cases}\quad 解得\quad\begin{cases}Q_1=2,\\ Q_2=4.\end{cases}$$

由题意可知,最大利润存在,而函数有唯一驻点(2,4),故 A,B 两种产品产量分别为 2 和 4 时,利润最大.最大利润为 $\pi(2,4)=48$.

例 4 已知某产品生产函数为

$$Q=f(K,L)=8K^{\frac{1}{4}}L^{\frac{1}{2}},$$

其中 Q 是产量,K,L 分别表示资本和劳动力的投入量,若产品的价格 $P=4$,K,L 的价格分别为 $P_K=8,P_L=4$.求使利润最大时的投入水平和产出水平.

解 由题意得,收益函数,总成本函数分别为

$$R=PQ=4\cdot 8K^{\frac{1}{4}}L^{\frac{1}{2}}=32K^{\frac{1}{4}}L^{\frac{1}{2}},$$

$$C = P_K K + P_L L = 8K + 4L.$$

因此，利润函数为

$$\pi = R - C = 32K^{\frac{1}{4}}L^{\frac{1}{2}} - 8K - 4L.$$

解方程组

$$\begin{cases} \dfrac{\partial \pi}{\partial K} = 8K^{-\frac{3}{4}}L^{\frac{1}{2}} - 8 = 0, \\ \dfrac{\partial \pi}{\partial L} = 16K^{\frac{1}{4}}L^{-\frac{1}{2}} - 4 = 0 \end{cases} \quad \text{得} \quad \begin{cases} K = 16, \\ L = 64. \end{cases}$$

由题意知，最大利润存在，此函数有唯一驻点(16,64). 因此，资本和劳动力的投入量分别为 $K=16$，$L=64$ 时，利润最大. 此时产出水平为 $Q=f(16,64)=128$.

习 题 5.3

A 组

1. 求下列函数的极值：

(1) $f(x,y)=x^3+y^3-3xy$；　　(2) $f(x,y)=4(x-y)-x^2-y^2$.

2. 要制作一个容积为 32 m^3 的无盖的长方体箱子，怎样设计箱子的尺寸，才能使用料最省？

3. 某工厂生产 A，B 两种产品，其销售单价分别为 $P_A=10$，$P_B=9$，总成本函数为

$$C(Q_1,Q_2) = 400 + 2Q_1 + 3Q_2 + 0.01(3Q_1^2 + Q_1Q_2 + 3Q_2^2),$$

其中 Q_1，Q_2 表示 A，B 两种产品的产量. 求产品的产出水平为多少时，利润最大？

4. 某工厂生产两种产品，需求函数分别为

$$Q_1 = 24 - 0.2P_1, \quad Q_2 = 10 - 0.05P_2,$$

其中 P_1，P_2 分别为两种产品的价格，总成本函数为 $C=35+40(Q_1+Q_2)$. 求产品的价格为多少时，利润最大？并求最大利润.

5. 某产品的生产函数为 $Q=6K^{\frac{1}{3}}L^{\frac{1}{2}}$，其中 Q 为产量，K，L 分别表示资本和劳动力的投入量，其投入的价格分别为 $P_K=4$，$P_L=3$，产品的价格为 $P=2$. 求利润最大时的投入水平、产出水平及最大利润.

B 组

1. 求下列函数的极值：

(1) $f(x,y)=x^3-y^3+3x^2+3y^2-9x$；　　(2) $f(x,y)=\mathrm{e}^{2x}(x+2y+y^2)$.

2. 某两种产品，需求函数分别为

$$Q_1 = 20 - 5P_1 + 3P_2, \quad Q_2 = 10 + 3P_1 - 2P_2,$$

总成本函数 $$C = 2Q_1^2 - 2Q_1Q_2 + Q_2^2 + 35.$$
问两种产品产量为多少时，利润最大？此时产品的价格为多少？

§5.4 条件极值

【学习本节要达到的目标】

1. 了解条件极值的意义.
2. 掌握求条件极值的拉格朗日乘数法.

一、条件极值的意义

前面讨论的二元函数 $z=f(x,y)((x,y)\in D)$ 的极值问题，自变量 (x,y) 可以在函数的定义域 D 内任意取值，这样的问题是在 D 内确定极值点，即在平面区域 D 内确定极值点. 在实际问题中，有时要讨论二元函数 $z=f(x,y)((x,y)\in D)$ 在约束条件 $\varphi(x,y)=0$ 之下的极值问题. 这是自变量 (x,y) 在函数的定义域 D 内满足约束条件 $\varphi(x,y)=0$ 的那些点中确定极值点. 一般而言，方程 $\varphi(x,y)=0$ 表示平面上的一条曲线. 由此，这实际上是在平面区域 D 中的曲线 $\varphi(x,y)=0$ 上确定极值点. 这样的极值问题称为**条件极值**. 自然，就把前面已讨论过的极值问题称为**无条件极值**.

例如，试在周长等于 $2l$ 的一切矩形中，求面积为最大的一个.

设矩形的两个边长分别为 x,y，面积为 A. 这是求二元函数

$$A = xy, \quad (x,y) \in D = \{(x,y) \mid x > 0, y > 0\}$$

在约束条件 $2x+2y=2l$，即 $x+y=l$ 之下的条件极值问题. 这个问题是在右半平面中的直线 $x+y=l$ 上确定极值点.

有些条件极值问题可以转化为无条件极值问题，然后按无条件极值的方法来解决. 但有些条件极值转化为无条件极值比较困难甚至无法转化. 为此介绍一种直接求条件极值的方法——**拉格朗日乘数法**.

二、拉格朗日乘数法

求函数 $z=f(x,y)$（通常称为**目标函数**）在约束条件 $\varphi(x,y)=0$ 下的极值，**按以下程序进行**：

(1) 构造辅助函数（称**拉格朗日函数**）

$$F(x,y) = f(x,y) + \lambda\varphi(x,y),$$

其中 λ 称为**拉格朗日乘数**.

(2) 求 $F(x,y)$ 的可能极值点.

求函数 $F(x,y)$ 的偏导数，建立方程组

$$\begin{cases}F_x(x,y)=f_x(x,y)+\lambda\varphi_x(x,y)=0,\\F_y(x,y)=f_y(x,y)+\lambda\varphi_y(x,y)=0,\\\varphi(x,y)=0.\end{cases}$$

解出 x,y 和 λ，得到 $x=x_0,y=y_0$，则 (x_0,y_0) 是可能的极值点.

(3) 判定可能极值点是否为极值点.

对于 (x_0,y_0) 点是否是极值点，应根据实际问题本身来确定. 若实际问题确有极值，且求出的又只有一个可能极值点，则该点就是所求的最值点.

这种求条件极值的方法，可以推广到 n 元函数的情形.

例 1 设某企业总成本函数为

$$C(Q_1,Q_2)=3Q_1^2+5Q_2^2-2Q_1Q_2+2,$$

产量限制为 $Q_1+Q_2=30$，求成本最低时的产量及最低成本.

解 这是条件极值问题. 以总成本函数为目标函数，约束条件为

$$\varphi(Q_1,Q_2)=Q_1+Q_2-30=0.$$

作辅助函数

$$F(Q_1,Q_2)=3Q_1^2+5Q_2^2-2Q_1Q_2+2+\lambda(Q_1+Q_2-30).$$

解方程组

$$\begin{cases}F_{Q_1}=6Q_1-2Q_2+\lambda=0,\\F_{Q_2}=10Q_2-2Q_1+\lambda=0,\\Q_1+Q_2-30=0\end{cases}\quad 得\quad\begin{cases}Q_1=18,\\Q_2=12.\end{cases}$$

因可能取极值的点 $(18,12)$ 唯一，由问题本身的实际意义可知，存在最低成本. 所以当 $Q_1=18,Q_2=12$ 时，成本最低. 最低成本为

$$C(18,12)=(3Q_1^2+5Q_2^2-2Q_1Q_2+2)\big|_{(18,12)}=1262.$$

例 2 设生产函数和总成本函数分别为

$$Q=50K^{\frac{2}{3}}L^{\frac{1}{3}},\quad C=6K+4L.$$

当成本预算 $C_0=72$ 时，试确定两种生产要素 K 和 L 的投入量以使产量最高，并求最高产量.

解 这是条件极值问题. 以生产函数为目标函数，约束条件为 $\varphi(K,L)=6K+4L-72=0$. 作辅助函数

$$F(K,L)=50K^{\frac{2}{3}}L^{\frac{1}{3}}+\lambda(6K+4L-72).$$

解方程组

$$\begin{cases}F_K=\dfrac{100}{3}K^{-\frac{1}{3}}L^{\frac{1}{3}}+6\lambda=0,\\F_L=\dfrac{50}{3}K^{\frac{2}{3}}L^{-\frac{2}{3}}+4\lambda=0,\\6K+4L-72=0\end{cases}\quad 得\quad\begin{cases}K=8,\\L=6.\end{cases}$$

因可能取极值的点(8,6)唯一，且实际问题存在最大值，所以当投入 $K=8,L=6$ 时，产量最高. 最高产量是

$$Q=(50K^{\frac{2}{3}}L^{\frac{1}{3}})\big|_{(8,6)}=200\sqrt[3]{6}.$$

习 题 5.4

A 组

1. 试在周长等于 $2l$ 的一切矩形中，求面积最大的一个.

2. 某工厂生产两种产品的日产量分别为 Q_1 和 Q_2，总成本函数为

$$C(Q_1,Q_2)=6Q_1^2-Q_1Q_2+19Q_2^2.$$

若日产量限额为 $Q_1+Q_2=56$，求成本最低时两种产品的产量各是多少？并求最低成本.

3. 设某产品的生产函数和总成本函数分别为

$$Q=100K^{\frac{1}{4}}L^{\frac{3}{4}},\quad C=5K+3L.$$

当成本预算为 100 时，试问如何分配资本 K 和劳动力 L 的投入量，使产量最高？并求最高产量.

4. 设某产品的生产函数和总成本函数分别为

$$Q=4K^{\frac{1}{2}}L^{\frac{1}{2}},\quad C=2K+8L,$$

若两种产品的总产量为 32，求所用资本 K 和劳动力 L 的最低成本组合.

B 组

1. 某公司想通过电视和报纸做广告宣传新产品，根据相关经验，销售金额 R(单位：万元)与电视广告费用 x(单位：万元)和报纸广告费用 y(单位：万元)之间的关系为

$$R(x,y)=2-2x^2-10y^2-8xy+18x+41y.$$

试求：(1) 在广告费用不受限制条件下的最优广告策略；

(2) 若广告费用为 2 万元，求相应的最优广告策略.

2. 要做一容积为 $\frac{9}{2}\ \mathrm{m}^3$ 的长方体箱子，箱子的盖及侧面的造价为 8 元/m^2，箱底的造价为 1 元/m^2. 试求造价最低的箱子的尺寸.

§5.5 最小二乘法

【学习本节要达到的目标】

会用最小二乘法建立直线型经验公式.

在生产实际和经济分析中，通常用最小二乘法建立经验公式. 作为二元函数极值的应用，下面就两个变量的线性关系来说明该问题.

为了要确定某个问题中变量 x,y 的依存关系，我们选取 n 对实测数据

$$(x_1,y_1),\ (x_2,y_2),\ \cdots,\ (x_n,y_n).$$

将这 n 对数据看做平面直角坐标系下的 n 个点：

$$A_i(x_i,y_i),\quad i=1,2,3,\cdots,n,$$

在坐标平面上画出这 n 个点，若这些点几乎分布在一条直线上，就可以认为 x 与 y 之间存在线性关系. 设 x 与 y 之间的线性关系为

$$y=ax+b\quad (\text{其中 } a,b \text{ 为待定系数}),$$

并用上式来近似地反映变量 x 与 y 之间的关系. 这样就提出**如下问题**：

如何选择线性函数 $y=ax+b$ 中的系数 a 和 b，使该函数能“最好”地表示变量 x 与 y 之间的关系.

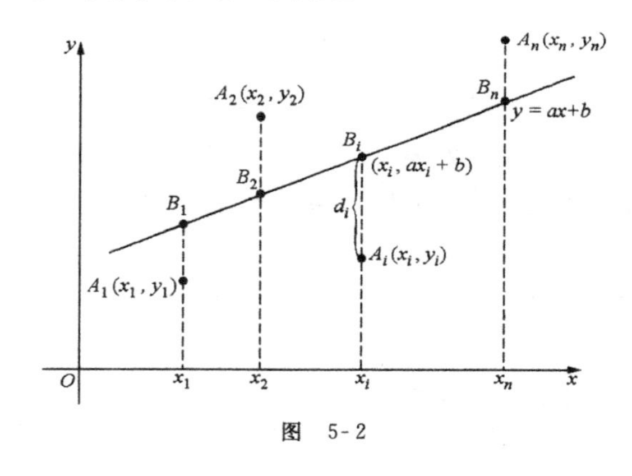

图 5-2

设在直线 $y=ax+b$ 上与点 $A_i(x_i,y_i)$ $(i=1,2,\cdots,n)$ 横坐标相同的点为

$$B_i(x_i,ax_i+b),\quad i=1,2,\cdots,n.$$

若用 d_i 表示 B_i 与 A_i 所对应的纵坐标之差（图 5-2），即

$$d_i=ax_i+b-y_i,\quad i=1,2,\cdots n,$$

则 d_i 是用函数 $y=ax+b$ 表示 x_i 与 y_i 之间关系所产生的偏差. 这些偏差的平方和称为**总偏差**，记为 S：

$$S=\sum_{i=1}^{n}d_i^2=\sum_{i=1}^{n}(ax_i+b-y_i)^2.$$

使偏差的平方和 S（即总偏差）取得最小值来选择线性函数 $y=ax+b$ 的系数 a 和 b 的方法，称为用**最小二乘法**建立直线型经验公式. 这种选择系数 a 和 b 的方法，就是使函数 $y=ax+b$ 能“最好”地表达 x 与 y 之间的关系.

由于 S 是 a,b 的二元函数，下面用求二元函数极值的方法，求 a,b 的值. 由极值存在的必要条件，有

$$\begin{cases}\dfrac{\partial S}{\partial a}=2\displaystyle\sum_{i=1}^{n}(ax_i+b-y_i)\cdot x_i=0,\\[2ex] \dfrac{\partial S}{\partial b}=2\displaystyle\sum_{i=1}^{n}(ax_i+b-y_i)=0.\end{cases}$$

将上式整理，得关于 a,b 的线性方程组.

$$\begin{cases} a\sum_{i=1}^{n} x_i^2 + b\sum_{i=1}^{n} x_i = \sum_{i=1}^{n} x_i y_i, \\ a\sum_{i=1}^{n} x_i + nb = \sum_{i=1}^{n} y_i. \end{cases}$$

记方程组的解为 $\hat{a},\hat{b}$，则可解得

$$\hat{a} = \frac{\sum_{i=1}^{n} x_i y_i - n\bar{x}\bar{y}}{\sum_{i=1}^{n} x_i^2 - n\bar{x}^2}, \quad \hat{b} = \bar{y} - a\bar{x},$$

其中 $\bar{x} = \frac{1}{n}\sum_{i=1}^{n} x_i, \bar{y} = \frac{1}{n}\sum_{i=1}^{n} y_i$. 因此，变量 x 与 y 之间的**直线型经验公式**为

$$y = \hat{a}x + \hat{b}.$$

例 根据过去 7 年的统计资料表明，某地某种消费品的销售额与居民人均收入之间存在着线性关系，如表 5-1 所示. 试将销售金额 y（单位：百万元）表示为人均收入 x（单位：元）的线性函数. 并预测当人均收入为 1300 元时该产品的销售金额.

表 5-1

序号	1	2	3	4	5	6	7
人均收入/元	850	900	920	980	1030	1130	1250
销售金额/百万元	12	13	15	16	18	22	24

解 设所求的线性函数为 $y=ax+b$. 为了用最小二乘法计算 a 和 b，由已知表 5-1 中的 7 对数据可算出表 5-2 中的数据：

表 5-2

序号	人均收入 x_i	销售金额 y_i	x_i^2	y_i^2	$x_i y_i$
1	850	12	722500	144	10200
2	900	13	810000	169	11700
3	920	15	846400	225	13800
4	980	16	960400	256	15680
5	1030	18	1060900	324	18540
6	1130	22	1276900	484	24860
7	1250	24	1562500	576	30000
$\sum_{i=1}^{7}$	7060	120	7239600	2178	124780

由表 5-2 得

$$\bar{x}=\frac{7060}{7}=1008.57,\quad \bar{y}=\frac{120}{7}=17.14.$$

因此
$$\hat{a}=\frac{124780-7\cdot 1008.57\cdot 17.14}{7239600-7\cdot 1008.57^2}=0.0317,$$

$$\hat{b}=17.14-0.0317\cdot 1008.57=-14.83.$$

所以，所求的线性函数为 $y=0.0317x-14.83$.

当人均收入为1300元时，该产品的销售金额

$$y=0.0317\cdot 1300-14.83=26.38(\text{百万元}).$$

习 题 5.5

A 组

1. 根据调查，某公司生产某产品的产量（单位：千件）与生产费用（单位：万元）之间存在线性关系，从公司内部随机抽取8个部门作为样本，得到的数据如表5-3所示. 求费用 y 与产量 x 的线性函数.

表 5-3

产量 x	7	7	8	9	11	12	14	16
费用 y	5	6	8	7	10	12	13	15

2. 我们知道营业税税收总额 y 与社会商品零售总额 x 有关. 为了能从社会商品零售总额去预测税收总额，需要了解二者之间的关系. 现收集了9对数据（单位：亿元）如表5-4所示，试确定营业税税收总额 y 与社会商品零售总额间的线性关系.

表 5-4

社会商品零售额 x	142.08	177.30	204.68	242.68	316.24	341.99	332.69	389.29	453.40
营业税税收总额 y	3.93	5.96	7.85	9.82	12.50	15.55	15.79	16.39	18.45

总习题五

1. 填空题：

(1) 若 $f\left(\dfrac{y}{x}\right)=\dfrac{\sqrt{x^2+y^2}}{y}(x>0,y>0)$，则 $f(x)=$________.

(2) 若 $f(x,y)=\sqrt{xy+\dfrac{x}{y}}$，则 $f_x(2,1)=$________，$f_y(2,1)=$________.

(3) 设 $z=x^y$,则$\left.\dfrac{\partial^2 z}{\partial x\partial y}\right|_{(2,3)}=$________.

(4) 函数 $z=x^3-4x^2+2xy-y^2$ 的极值为________.

2. 单项选择题:

(1) 设 $f(x,y)=\ln\left(x+\dfrac{y}{2x}\right)$,则 $f_x(-1,1)=$( ).

(A) $-1/3$ (B) $1/3$ (C) $1/2$ (D) $-2/3$

(2) 函数 $f(x,y)=x^3+3xy^2-15x-12y$ 的极值点为( ).

(A) $(4,1/4)$和$(-1,-1)$ (B) $(-1,-2)$和$(1,2)$

(C) $(-2,-1)$和$(2,1)$ (D) $(-1,-2)$和$(-2,-1)$

(3) 设 $f(x,y)=1-\sqrt{x^2+y^2}$,则下列结论错误的是( ).

(A) $(0,0)$是 $f(x,y)$的极值点 (B) $(0,0)$是 $f(x,y)$的驻点

(C) $(0,0)$是 $f(x,y)$的最大值点 (D) $(0,0)$是 $f(x,y)$的极大值点

(4) 设 $z=x^2-y^2$,则点$(0,0)$( ).

(A) 不是驻点 (B) 是驻点但非极值点 (C) 是极大值点 (D) 是极小值点

3. 求下列函数的偏导数:

(1) $z=\mathrm{e}^{\sin x}\cdot\cos y$; (2) $z=x\sin(x+y)+\mathrm{e}^{xy^2}$; (3) $z=\ln\sqrt{x^2+y^2}$.

4. 设 $z=\ln(x^2+\ln y)$,求$\left.\dfrac{\partial z}{\partial y}\right|_{(1,\mathrm{e})}$.

5. 设 $z=\mathrm{e}^{y/x^2}$,证明:$x\dfrac{\partial z}{\partial x}+2y\dfrac{\partial z}{\partial y}=0$.

6. 求函数 $f(x,y)=x^3-12xy+8y^3$ 的极值.

7. 一工厂生产的同一种产品分销两个独立市场,两个市场的需求情况不同,设价格函数分别为

$$P_1=60-3Q_1,\quad P_2=20-2Q_2,$$

厂商的总成本函数为

$$C=12Q+4,\quad Q=Q_1+Q_2.$$

工厂以最大利润为目标,求投放每个市场的产量,并确定此时每个市场的价格.

8. 求三个正数,使它们的和为 50,而乘积最大.

9. 某企业产品的产量 Q 与技术工人数 x,非技术工人数 y 之间有如下的关系式

$$Q=-8x^2+12xy-3y^2,$$

若企业只能雇用 230 人,则该雇用多少技术工人,多少非技术工人,才能使产量最大?

习题参考答案及解法提示

习　题　1.1

A组　**1.** (1) 1，9，x^2+2x+1，$\frac{1}{x^2}-\frac{2}{x}+1$，$x^2$；　(2) 0，$\frac{1}{3}$，$-\frac{1}{3}$，$\frac{2^{\frac{1}{x}}-1}{2^{\frac{1}{x}}+1}$，$\frac{2^x-2}{2^x+2}$.

2. (1) ah；　(2) h^2+2hx_0.　**3.** (1) $[0,+\infty)$；　(2) $1,\frac{5}{4},1,3$.

4. (1) $y=\sqrt{1+\sin^2(\log_a x)}$；　(2) $y=\ln\tan(x+e^x)$.　**5.** x^4；2^{2x}；2^{x^2}.

6. (1) 有界函数；　(2) 无界函数.

B组　**1.** $D=(-\infty,+\infty)$，$Y=\{-1,0,1\}$.　**2.** $y=\begin{cases}-1, & x<0,\\ 1, & x>0;\end{cases}$ $(-\infty,0)\cup(0,+\infty)$.

习　题　1.2

A组　**1.** (1) $y=u^2,u=\ln x$；　(2) $y=\cos u,u=\frac{1}{x}$；　(3) $y=\sqrt{u},u=\ln x$；

(4) $y=e^u,u=e^v,v=x^2$；　(5) $y=\ln u,u=\ln v,v=\cos x$；　(6) $y=e^u,u=v^2,v=\cos x$；

(7) $y=u^3,u=\arctan v,v=x^2$；　(8) $y=u^2,u=\sin v,v=\ln x$.

2. (1) $y=\sqrt{u},u=1+x^2$；　(2) $y=u^2,u=1+2x-3x^3$；　(3) $y=2^u,u=2x^2+\cos x$；

(4) $y=\ln u,u=\frac{1-\sqrt{x}}{1+\sqrt{x}}$；　(5) $y=e^u,u=\sqrt{v},v=x^2+1$；　(6) $y=u^2,u=\arctan v,v=\frac{2x}{1-x^2}$.

B组　**1.** (1),(2)是初等函数；　(3) 不是，函数中有无限次相乘与相加；

(4) 因$-2-\cos x<0$，故$\sqrt{-2-\cos x}$无意义，不构成函数.

2. (1) $y=e^{g(x)\ln f(x)}$.　**提示**　将已知等式两端取以 e 为底的对数，得 $\ln y=g(x)\ln f(x)$，即 $y=e^{g(x)\ln f(x)}$.

(2) $y=e^{\cos x\ln\sin x}$.

习　题　1.3

A组　**1.** (1) 极限为$\frac{1}{4}$；　(2) 极限为 0；　(3) 极限为 0；　(4) 没有极限.

2. (1) $y_n=\frac{1}{3^{n-1}}$，极限为 0；　(2) $y_n=\frac{n-1}{n+1}$，极限为 1.

B组　**1.** (1) 收敛，极限是 $A(=B)$；　(2) 不收敛.　**2.** 收敛，极限仍是 A.

习　题　1.4

A组　**1.** (1) $+\infty,0$，不存在；　(2) $\pi,0$，不存在；　(3) 0,0,0.

2. (1) 0,0,0；　(2) 1,−1,不存在.

3. (1) 无穷小；　(2) 无穷大；　(3) 无穷大；　(4) 无穷大；　(5) 无穷小；　(6) 无穷小.

4. (1) 0.　**提示**　原式$=\lim\limits_{x\to\infty}\dfrac{1}{x}\sin x=0$；　(2) 0.　**提示**　无穷小与有界变量的乘积仍是无穷小.

5. (1) $y=1, x=0$；　(2) $y=1$；　(3) $y=0, x=2$；　(4) $x=-2$.

B组　**1.** (1) 不同；　(2) 相同.　**提示**　$\lim\limits_{x\to2}(x+2)=4$，当 $x\neq2$ 时，

$$\frac{x^2-4}{x-2}=\frac{(x+2)(x-2)}{x-2}=x+2.$$

2. (D).

习　题　1.5

A组　**1.** (1) 5；　(2) $-\dfrac{3}{5}$；　(3) ∞；　(4) $\dfrac{2}{3}$.　　**2.** (1) $\dfrac{2}{5}$；　(2) ∞；　(3) 0；　(4) $\left(\dfrac{3}{4}\right)^{20}$.

B组　**1.** (1) 0；　(2) $\dfrac{4}{7}$；　(3) ∞；　(4) $\dfrac{1}{3}$.

2. (1) $\dfrac{1}{4}$.　**提示**　$\dfrac{\sqrt{x+1}-2}{x-3}=\dfrac{x+1-2^2}{(x-3)(\sqrt{x+1}+2)}$.

(2) $\dfrac{1}{2\sqrt{x}}$.　**提示**　$\dfrac{\sqrt{x+\Delta x}-\sqrt{x}}{\Delta x}=\dfrac{x+\Delta x-x}{\Delta x(\sqrt{x+\Delta x}+\sqrt{x})}$.

(3) $-\dfrac{1}{2}$.　**提示**　$\dfrac{1}{x^2-1}-\dfrac{1}{x-1}=\dfrac{2-(x+1)}{x^2-1}$.

(4) $\sqrt[3]{2}$.　**提示**　极限式的分母、分子同除以 x.

(5) $-\dfrac{1}{2}$.　**提示**　$x(\sqrt{x^2-1}-x)=\dfrac{x(x^2-1-x^2)}{\sqrt{x^2-1}+x}$.

习　题　1.6

A组　**1.** (1) 4；　(2) $\dfrac{3}{2}$；　(3) 1；　(4) 4.　　**2.** (1) e^3；　(2) e^{-3}；　(3) e^{-1}；　(4) e^2.

3. (1) 74.5416 万元；　(2) 74.5913 万元.　　**4.** (1) 4927.75 元；　(2) 4878.84 元.

5. (1) 低阶；　(2) 高阶；　(3) 同阶；　(4) 等价.

6. **提示**　令 $t=\arcsin x$，则 $x=\sin t$，$\lim\limits_{x\to0}\dfrac{\arcsin x}{x}=\lim\limits_{t\to0}\dfrac{t}{\sin t}=1$.

B组　**1.** (1) x.　**提示**　$2^n\sin\dfrac{x}{2^n}=x\sin\dfrac{x}{2^n}\Big/\dfrac{x}{2^n}$.

(2) 1.　**提示**　$\dfrac{\sqrt{1+x}-\sqrt{1-x}}{\sin x}=\dfrac{1+x-(1-x)}{(\sqrt{1+x}+\sqrt{1-x})\sin x}$.

(3) e^{-2}.　**提示**　$\left(\dfrac{x-1}{x+1}\right)^x=\dfrac{\left(1-\dfrac{1}{x}\right)^x}{\left(1+\dfrac{1}{x}\right)^x}$.

(4) 1.　**提示**　$\left(1-\frac{1}{x}\right)^{\sqrt{x}}=\left(1-\frac{1}{\sqrt{x}}\right)^{\sqrt{x}}\left(1+\frac{1}{\sqrt{x}}\right)^{\sqrt{x}}$.

习　题　1.7

A 组　**1.** (1) 连续；　(2) 不连续.　　**2.** 6.

3. (1) $x=0$；　(2) $x=0$；　(3) $x=2$.　　**4.** (1) $(-\infty,2)$,0；　(2) $[3,5]$,2.

B 组　**1.** (A).

2. **提示**　设 $f(x)=x^3-4x^2+1$,因 $f(x)$在闭区间$[0,1]$上连续,且 $f(0)=-1<0$,$f(1)=2>0$.由零点定理,在$(0,1)$内至少存在一点 ξ,使得 $f(\xi)=0$,即方程 $x^3-4x^2+1=0$ 在$(0,1)$内至少存在一个根.

总 习 题 一

1. (1) e^{x-1}.　(2) 1.

(3) -3,5.　**提示**　由已知：$1^2+2\cdot1+a=0$,即 $a=-3$,又 $\lim\limits_{x\to1}\frac{x^2+2x-3}{x-1}=5$.

(4) e^{-1}.　**提示**　$\lim\limits_{x\to0}(1-x)^{\frac{1}{x}}=\lim\limits_{x\to0}[(1-x)^{-\frac{1}{x}}]^{-1}=e^{-1}=a$.

2. (1) (C)；　(2) (C)；　(3) (B)；　(4) (A).

提示　(1) 该函数是由基本初等函数(常量函数和幂函数)经有限次加法运算而得.

(2) $\lim\limits_{x\to x_0}f(x)=A\Longleftrightarrow\lim\limits_{x\to x_0^-}f(x)=A=\lim\limits_{x\to x_0^+}f(x)$.

(3) $\lim\limits_{x\to\infty}\frac{\sin^2\frac{1}{n}}{\frac{1}{n^2}}=\lim\limits_{n\to\infty}\left[\frac{\sin\frac{1}{n}}{\frac{1}{n}}\right]^2=1^2=1$.

(4) $f(x)$在开区间$(0,2)$内连续,且为单调增函数.

3. (1) 0；　(2) $\frac{4}{5}$；　(3) ∞；　(4) 1.　**提示**　$\frac{x^2-4}{x^2-x-6}=\frac{(x-2)(x+2)}{(x+2)(x-3)}$.

4. (1) $a=-4,b=-4$；　(2) $a\neq-4$,b 为任意数；　(3) $a=-4,b=-2$；

(4) a 为任意数,$b=4$.　**提示**　$f(x)=\frac{(4+a)x^2+(b-a)x+(3-b)}{x-1}$.

5. (1) $\frac{1}{4}$；　(2) e^{-1}.

提示　(1) 原式$=\lim\limits_{x\to0}\frac{4+x-4}{\sin x\cdot(\sqrt{4+x}+2)}=\lim\limits_{x\to0}\frac{x}{\sin x}\cdot\frac{1}{\sqrt{4+x}+2}=\frac{1}{4}$；

(2) 原式$=\lim\limits_{x\to0}\left[1+\left(-\frac{x}{2}\right)\right]^{-\frac{2}{x}(-1)}\left(1-\frac{x}{2}\right)^{-1}=e^{-1}\cdot1=e^{-1}$.

6. $(-\infty,1)\cup(2,+\infty)$.　**提示**　$f(x)$是初等函数,其连续区间就是使得它有定义的区间.当 $x^2-3x+2=(x-2)(x-1)>0$ 时,$f(x)$有定义.

习　题　2.1

A 组　**1.** (1) 0；　(2) 32；　(3) $\frac{1}{3\sqrt[3]{x^2}}$.

2. (1) $4x^3$； (2) $\frac{1}{4\sqrt[4]{x^3}}$； (3) $-\frac{3}{x^4}$； (4) $-\frac{1}{2\sqrt{x^3}}$； (5) $\frac{1}{x\ln 3}$； (6) 0.

3. (1) 1； (2) $-\frac{\sqrt{2}}{2}$； (3) $\frac{1}{\ln 2}$； (4) 0； (5) $-\frac{1}{3}$.

4. (1) $y-\frac{\sqrt{2}}{2}=\frac{\sqrt{2}}{2}\left(x-\frac{\pi}{4}\right)$或$\frac{\sqrt{2}}{2}x-y+\frac{\sqrt{2}}{2}-\frac{\sqrt{2}}{8}\pi=0$； (2) $x-y-1=0$；

(3) $y-1=-\frac{1}{2}(x-1)$或$\frac{1}{2}x+y-\frac{3}{2}$； (4) $x+y-\frac{1}{2}\pi=0$.

B组 **1.** (1) A. (2) $3A$. **提示** 原式$=\lim\limits_{3\Delta x\to 0}\frac{f(x_0+3\Delta x)-f(x_0)}{3\Delta x}\cdot 3=3f'(x_0)=3A$.

(3) $-2A$. **提示** 原式$=-2\lim\limits_{-2\Delta x\to 0}\frac{f(x_0+(-2\Delta x))-f(x_0)}{-2\Delta x}=-2f'(x_0)=-2A$.

(4) $3A$.

2. 不可导. **提示** 设自变量 x 在 $x=1/2$ 处有改变量 Δx,则

$$\Delta y=\left|2\cdot\frac{1}{2}-1+\Delta x\right|-\left|2\cdot\frac{1}{2}-1\right|=|\Delta x|,$$

于是

$$\lim_{\Delta x\to 0}\frac{\Delta y}{\Delta x}=\lim_{\Delta x\to 0}\frac{|\Delta x|}{\Delta x}=\begin{cases}-1, & \Delta x<0,\\ 1, & \Delta x>0.\end{cases}$$

由于上述极限不存在,所以该函数在 $x=1/2$ 处不可导.

习 题 2.2

A组 **1.** (1) $y'=6x^2+3\sin x+2^x\ln 2$； (2) $y'=\frac{1}{3}+\frac{2}{x^2}+\frac{2}{3\sqrt[3]{x^2}}$； (3) $y'=\frac{a}{a-b}$；

(4) $y'=0$； (5) $y'=6x^2-\frac{3}{2}\sqrt{x}-\frac{2}{x^2}+\frac{5}{2\sqrt{x^7}}$； (6) $y'=2\ln x-\frac{1}{x}+2$；

(7) $y'=\sqrt{2}x^{\sqrt{2}-1}\cos x-(x^{\sqrt{2}}+\sqrt{3})\sin x$； (8) $y'=-2e^x\sin x$；

(9) $y'=x\cos x-\sec x\tan x$； (10) $y'=\frac{1-\ln x}{x^2}$； (11) $y'=\frac{2}{\sqrt{x}(\sqrt{x}+2)^2}$；

(12) $y'=\frac{1}{1-\sin x}$； (13) $y'=\frac{2x\arctan x-1}{(\arctan x)^2}$； (14) $y'=\frac{-x^2}{(\sin x-x\cos x)^2}$；

(15) $y'=2^x\ln 2\cdot\log_2 x+2^x\frac{1}{x\ln 2}-\frac{x\cos x-\sin x}{x^2}$； (16) $y'=\frac{\sin x}{\sqrt{x}(1-\sqrt{x})^2}+\frac{(\sqrt{x}+1)\cos x}{1-\sqrt{x}}$.

2. (1) 1； (2) $\frac{1}{3}$.

3. (1) $y'=-\frac{\sin\sqrt{x}}{2\sqrt{x}}$； (2) $y'=\frac{1}{x-a}$； (3) $y'=-3x^2e^{-x^3}$；

(4) $y'=3\sin(2-3x)$； (5) $y'=\cot x$； (6) $y'=-\frac{1}{2\sqrt{x}(1+x)}$.

4. (1) 1； (2) $-\frac{1}{4}$. **5.** $\frac{1}{2}x-y-\frac{1}{2}=0$.

B 组 1. (1) $y'=-6\cos^2 2x\sin 2x$；　(2) $y'=2x\cot x^2$；　(3) $y'=\dfrac{-2e^{2x}}{3\sqrt[3]{(2-e^{2x})^2}}$；

(4) $y'=-\dfrac{1}{\sqrt{x^2+2}}$；　(5) $y'=\dfrac{1}{\sin^2 x-\cos^2 x}$；　(6) $y'=-\dfrac{1}{2}$.

2. 点为$(-1,1)$和$(1,1)$. **提示** $y'=6x^2-2$，令 $y'=4$，可解得 $x=\pm 1$.

3. (1) $\dfrac{1}{x}f'(\ln x)$；　(2) $(2x-\cos x)f'(x^2-\sin x)$；

(3) $-f'(e^{\cos x})\cdot e^{\cos x}\cdot\sin x\cdot e^{f(x)}+f(e^{\cos x})\cdot e^{f(x)}\cdot f'(x)$.

4. **提示** 设 $f(-x)=f(x)$，且 $f'(x)$存在. 已知式两端对 x 求导，得

$$f'(-x)(-x)'=f'(x),\quad \text{即}\quad -f'(-x)=f'(x)\quad \text{或}\quad f'(-x)=-f'(x).$$

上式说明 $f'(x)$是奇函数.

习　题　2.3

A 组 1. (1) $y'=-\dfrac{b^2x}{a^2y}$；　(2) $y'=\dfrac{4x+y^2-4}{2-2xy}$；

(3) $y'=\dfrac{1-2e^y}{2xe^y+1}$；　(4) $y'=\dfrac{2xy-y^2\cos(x+y)-2y^2}{x^2+y^2\cos(x+y)}$；

(5) $y'=\dfrac{\frac{1}{x}-2x\sin(x+y)-x^2\cos(x+y)}{x^2\cos(x+y)-\frac{1}{y}}$；　(6) $y'=\dfrac{\frac{-1}{2(y^2-x)}+\frac{y}{x^2+y^2}}{\frac{x}{x^2+y^2}-\frac{y}{y^2-x}}$.

2. $y'=\dfrac{1-y\cos x-\sin(x-y)}{\sin x-\sin(x-y)}$，$y'\Big|_{\substack{x=0\\y=\pi/2}}=2-\dfrac{\pi}{2}$.

3. 切线方程为 $y-1=\dfrac{3+e}{2}(x-0)$. **提示** $y'=\dfrac{e^x+e^y+2}{2y-xe^y}$，$y'\Big|_{\substack{x=0\\y=1}}=\dfrac{3+e}{2}$.

4. (1) $y'=(\sin x)^x(\ln\sin x+x\cot x)$；　(2) $y'=(1+x)^{\frac{1}{x}}\left(-\dfrac{\ln(1+x)}{x^2}+\dfrac{1}{x(1+x)}\right)$；

(3) $y'=\dfrac{(x-2)^3\sqrt[5]{1-x}}{e^x\sin x}\left[\dfrac{3}{x-2}-\dfrac{1}{5(1-x)}-1-\cot x\right]$；

(4) $y'=\dfrac{1}{3}\sqrt{\dfrac{2-3x}{x^4\arctan 2x}}\left[\dfrac{3}{3x-2}-\dfrac{4}{x}-\dfrac{2}{(1+4x^2)\arctan 2x}\right]$.

B 组 1. e^2. **提示** $y'=\dfrac{y^2-y\sin x}{1-xy}$，当 $x=0$ 时，$y=e$.

2. $f(x)^{g(x)}\left[g'(x)\ln f(x)+\dfrac{g(x)}{f(x)}f'(x)\right]$.

习　题　2.4

A 组 1. (1) $e^x+\dfrac{1}{x^2}$；　(2) $[2^x(\ln 2)^2-2^x]\cos x-2^{x+1}\ln 2\sin x$；　(3) $e^{-2x}(4x^2-8x+2)$；

(4) $\dfrac{x}{\sqrt{(x^2+1)^3}}$；　(5) $\dfrac{2x+10}{(x-1)^4}$.

2. (1) $2^n e^{2x}$； (2) $(-1)^{n-1}\dfrac{2^n\cdot n!}{(2x-1)^n}$.

B组 1. $f''(e^x)e^x$；$\dfrac{1}{x}f''(\ln x)$.

2. $f^{(100)}=100!$. **提示** $f(x)=x(x-1)(x-2)\cdots(x-99)$是多项式，只需看多项式第一项$x^{100}$的100阶导数.

习 题 2.5

A组 1. $\Delta y=0.31, dy=0.3$；$\Delta y=0.0301, dy=0.03$.

2. (1) $(2^x\ln 2-6x)dx$； (2) $\left(\dfrac{1}{3\sqrt[3]{x^2}}\cos x-\sqrt[3]{x}\sin x\right)dx$； (3) $\dfrac{(x^2-2)\sin x+2x\cos x}{(2-x^2)^2}dx$；

(4) $(-2e^{-2x}\sin x^2+2xe^{-2x}\cos x^2)dx$； (5) $2(e^{-3x}-e^{2x})(-3e^{-3x}-2e^{2x})dx$； (6) $\dfrac{-e^{-x}}{2\sqrt{e^{-x}-e^{-2x}}}dx$.

3. (1) ax； (2) $\dfrac{x^2}{2}$； (3) $2\sqrt{x}$； (4) $\ln x$；

(5) $\arcsin x$； (6) $\ln(1+x)$； (7) $\dfrac{1}{2}\sin 2x$； (8) $-\dfrac{1}{a}\cos ax$.

B组 1. (1) $\dfrac{4x+y}{3y^2-x}dx$； (2) $\dfrac{y+\sin(x-y)}{\sin(x-y)-x}dx$. **提示** 先求出隐函数的导数，再写出微分.

2. $x^{\sin x}\left[\cos x\cdot\ln x+\dfrac{\sin x}{x}\right]dx$.

总 习 题 二

1. (1) $f'(0)$； (2) $-\dfrac{1}{4}$； (3) $\pi/2+1$； (4) $\dfrac{1+x^2}{(1-x^2)^2}dx$.

提示 (1) $\lim\limits_{x\to 0}\dfrac{f(x)}{x}=\lim\limits_{x\to 0}\dfrac{f(0+x)-f(0)}{x}=f'(0)$.

2. (1) (A)； (2) (B)； (3) (C)； (4) (B).

提示 (2) 当$x>0$时，$(\ln x)'=\dfrac{1}{x}$；当$x<0$时，$[\ln(-x)]'=\dfrac{1}{x}$.

3. (1) $12x^2-\dfrac{1}{x\ln 3}+\sin x-\dfrac{1}{x^2}$； (2) $2x\arctan x+\dfrac{x^2}{1+x^2}-\dfrac{1}{x}$；

(3) $\dfrac{(2-x^2)\sin x-2x\cos x}{(x^2-2)^2}$； (4) $-\dfrac{e^{-x}}{\sqrt{1+e^{-2x}}}$.

4. $\dfrac{-\sin\dfrac{x}{2}}{4\sqrt{\cos\dfrac{x}{2}}}$； $-\dfrac{1}{4\sqrt[4]{2}}$. 5. $2xf(x)+x^2f'(x)-2xf(\sqrt{x})\left[f(\sqrt{x})+\dfrac{\sqrt{x}}{2}f'(\sqrt{x})\right]$.

6. $x+9y-9=0$. 7. $\dfrac{1-ye^{xy}}{xe^{xy}-1}$. 8. $(n+x)e^x$.

9. (1) $(\sin x)^{2x}[2\ln\sin x+2x\cot x]dx$； (2) $-3e^{x^2}\cos x+(1-3x)(2x\cos xe^{x^2}-e^{x^2}\sin x)dx$.

习　题　3.1

A 组　**1.** (1) $\cos a$；　(2) $\frac{3}{2}$；　(3) $\ln\frac{a}{b}$；　(4) $+\infty$；　(5) 1；　(6) 1.

2. (1) 0；　(2) $\frac{1}{2}$.

B 组　**1.** (B).　　**2.** 1.

习　题　3.2

A 组　**1.** (B).

2. (1) 减区间为$(-\infty,0)$,增区间为$(0,+\infty)$；　(2) 减区间为$(-\infty,1/2)$,增区间为$(1/2,+\infty)$；
(3) 减区间为$(0,1/2)$,增区间为$(1/2,+\infty)$.

B 组　**1.** 减区间为$(-\infty,0)$,$(1,+\infty)$,增区间为$(0,1)$.

2. 在定义域内单减.　**提示**　$f'(x)=-\frac{(x^2-1)^2}{x^2}\leqslant 0$,仅在 $x=-1$ 和 $x=1$ 处 $f'(x)=0$.

习　题　3.3

A 组　**1.** (1) 极大值 $f(-1)=17$,极小值 $f(3)=-47$；　(2) 极小值 $f(1)=1$；

(3) 极大值 $f(0)=0$,极小值 $f\left(\frac{2}{5}\right)=-\frac{3}{5}\sqrt[3]{\frac{4}{25}}$；

(4) 极小值 $f(0)=0$,极大值 $f(-1)=\frac{1}{\mathrm{e}}$,极大值 $f(1)=\frac{1}{\mathrm{e}}$.

2. (1) 最大值 $f(1)=5$,最小值 $f(-2)=4$；　(2) 最大值 $f(2)=2$,最小值 $f\left(\frac{3}{4}\right)=-\frac{3}{4}\sqrt[3]{\frac{1}{4}}$.

3. (1) 长 15 m,宽 10 m,面积 150 m^2；　(2) 长 18 m,宽 12 m.

提示　设场地的长为 x,宽为 y.

(1) 已知 $60=2x+3y$,可解得 $y=20-\frac{2}{3}x$.目标函数为所求面积

$$A=xy=x\left(20-\frac{2}{3}x\right),\quad x\in(0,30).$$

(2) 已知 $216=xy$,可解得 $y=\frac{216}{x}$.目标函数为所求总长

$$l=2x+3y=2x+\frac{3\cdot 216}{x},\quad x\in(0,+\infty).$$

4. 最大面积 $A=R^2$.　**提示**　设 OA 为 x,则 $AB=\sqrt{R^2-x^2}$,目标函数为所求面积

$$A=2x\sqrt{R^2-x^2},\quad x\in(0,R).$$

5. D 点距 A 点 15 km 处.　**提示**　设 D 点距 A 点为 x km 处,则 $BD=100-x$,$CD=\sqrt{20^2+x^2}$;又设每千米铁路运费为 $3a$,公路运费为 $5a$,则目标函数为总运费

$$C=3a(100-x)+5a\sqrt{20^2+x^2},\quad x\in[0,100].$$

B组 **1.** (1) 减区间为$(-\infty,-1)$,$(0,1)$,增区间为$(-1,0)$,$(1,+\infty)$;极小值$f(-1)=f(1)=1$;

(2) 增减区间为$(-\infty,0)$,$(1+\infty)$,减区间为$(0,1)$,极大值$f(0)=1$,极小值$f(1)=\frac{1}{10}$.

2. $a=2,b=-9,c=12,d=1$. **提示** 由$f(1)=6,f(2)=5,f'(1)=0,f'(2)=0$,解方程组.

习 题 3.4

A组 **1.** (1) 在区间$(-\infty,-\sqrt{3})$和$(0,\sqrt{3})$内是上凹的,在区间$(-\sqrt{3},0)$和$(\sqrt{3},+\infty)$内是下凹的,拐点是$(-\sqrt{3},-\sqrt{3}/2)$,$(0,0)$,$(\sqrt{3},\sqrt{3}/2)$;

(2) 在$(-\infty,0)$和$(2/3,+\infty)$内是上凹的,在$(0,2/3)$内是下凹的,拐点是$(0,1)$,$\left(\frac{2}{3},\frac{11}{27}\right)$;

(3) 在$(-\infty,+\infty)$上是上凹的,无拐点;

(4) 在$(-\infty,2)$内是上凹的,在$(2,+\infty)$内是下凹的,拐点是$\left(2,\frac{2}{\mathrm{e}^2}\right)$.

2. $a=-3/2,b=9/2$.

3. (1) **提示** 请参见下表.

x	$(-\infty,0)$	0	$\left(0,\frac{1}{2}\right)$	$\frac{1}{2}$	$\left(\frac{1}{2},1\right)$	1	$(1,+\infty)$
y'	$+$	0	$-$	$-$	$-$	0	$+$
y''	$-$	$-$	$-$	0	$+$	$+$	$+$
y	↗∩	1 极大值	↘∩	$\frac{1}{2}$ 拐点	↘∪	0 极小值	↗∪

(2) **提示** 请参见下表.

x	$(-\infty,0)$	0	$(0,1)$	1	$\left(1,\frac{3}{2}\right)$	$\frac{3}{2}$	$\left(\frac{3}{2},+\infty\right)$
y'	$+$		$-$	0	$+$	$+$	$+$
y''	$+$		$+$	$+$	$+$	0	$-$
y	↗∪		↘∪	0 极小值	↗∪	$\frac{1}{9}$ 拐点	↗∩

直线$x=0$是垂直渐近线,直线$y=1$是水平渐近线.

B组 **1.** $a=1,b=-3,c=-24,d=16$.

2. **提示** 已知条件是$f''(x)\geqslant 0,x\in I$,且等号只在I内的个别点成立,要推出$y''=[\mathrm{e}^{f(x)}]''\geqslant 0$,且等号只在$I$内的个别点成立.

习 题 3.5

A组 **1.** $C=0.01Q^2+10Q+1000$元;$R=30Q$元;$\pi=-0.01Q^2+20Q-1000$元;

$MC=0.02Q+10$ 元/件；$MR=30$ 元/件；$\pi'(Q)=-0.02Q+20$；1000 件.

2. (1) $MC=0.008Q$ 元/台；　(2) $AC|_{Q=2000}=9$ 元/台，$MC|_{Q=2000}=16$ 元/台.

3. $MR=80-0.2Q$，$MR|_{Q=150}=50$，$MR|_{Q=400}=0$.

4. $E_d=-\dfrac{P}{8}$.　**5.** $E_d=-1$.　**6.** $E_s=1.25$.

B 组 **1.** $E_M=\dfrac{M}{Q}\dfrac{dQ}{dM}=M\dfrac{f'(M)}{f(M)}$；　$E_M>0$.　**2.** $E_M=-\dfrac{b}{M}$.

习　题　3.6

A 组 **1.** 5 百台；9.5 万元.　**2.** 250 件；1230 元.　**3.** $P=5$，$Q=50$.　**4.** 70 kg.

5. (1) $E=\dfrac{10000}{Q}\cdot 40+\dfrac{Q}{2}(2\cdot 0.1)=\dfrac{400000}{Q}+0.01Q$；　(2) 2000 kg.

6. $Q=20$ 吨，5 次，$E=10000$ 元.

B 组 **1.** 进货 300 件；售价 6.60 元/件，最大利润 180 元.

提示　设因降价可卖出 Q 件.依题意，卖出的件数为 $100+Q$，每件降价为 $\dfrac{0.1}{50}Q$ 元，因此，每件售价为 $P=\left(7-\dfrac{0.1}{50}Q\right)$元/件，每件利润为

$$\left[\left(7-\frac{0.1}{50}Q\right)-6\right]=1-0.002Q \text{ 元 / 件}.$$

于是，利润函数为每件利润与销售件数的乘积，即

$$\pi=(1-0.002Q)(100+Q)=-0.002Q^2+0.8Q+100.$$

2. (1) 价格函数 $P=\begin{cases}900, & 1\leqslant x\leqslant 30,\\ 900-10\times(x-30), & 30<x\leqslant 75\end{cases}$ （x 取正整数），其中 x 代表人数，P 表示飞机票的价格；

(2) 60 人，21000 元.

提示　(1) 设 x 表示每团人数，P 表示飞机票的价格.因 $\dfrac{900-450}{10}=45$，所以每团人数最多为 $30+45=75$ 人.所以飞机票的价格函数如上述；

(2) 对旅行社而言，机票收入是收益，付给航空公司的包机费是成本.旅行社的利润函数为

$$\begin{aligned}\pi=\pi(x)&=xP-15000\\&=\begin{cases}900x-15000, & 1\leqslant x\leqslant 30,\\ 900x-10\times(x-30)x-15000, & 30<x\leqslant 75.\end{cases}\end{aligned}$$

总 习 题 三

1. (1) $(0,+\infty)$；　(2) $p=-8$；　(3) $(1,0)$；　(4) -0.25.

2. (1) (C)；　(2) (C)；　(3) (B)；　(4) (C).　**3.** (1) $\dfrac{1}{2}$；　(2) 1.

4. 在 $(-\infty,-2)$，$(0,2)$ 内单减，在 $(-2,0)$，$(2,+\infty)$ 内单增；极大值是 $f(0)=\sqrt[3]{16}$，极小值是 $f(-2)=f(2)=0$.

5. 极大值是 $f\left(\frac{5\pi}{6}\right)=\frac{5\sqrt{3}\pi}{6}+1$,极小值是 $f\left(\frac{7\pi}{6}\right)=\frac{7\sqrt{3}\pi}{6}-1$.

6. 最大值是 $y=51$,最小值是 $y=2$.

7. 半径 $r=$宽度 $h=\frac{L}{\pi+4}$时,最大面积 $A=\frac{L^2}{2(\pi+4)}$. **提示** r,h 和 L 的关系是

$$\pi r+2h+2r=L,\quad 解出\ h,\ h=\frac{1}{2}[L-(\pi+2)r].$$

场地面积 $A=2rh+\frac{1}{2}\pi r^2=r[L-(\pi+2)r]+\frac{1}{2}\pi r^2$.

8. 在$(-\infty,1)$内下凹,在$(1,+\infty)$内上凹,拐点是$(1,\mathrm{e}^{-2})$.

9. $E=3+2x,E|_{x=2}=7$. **10.** $Q=350,P=6.5$.

习 题 4.1

A 组 1. (1) $a^x\ln a,\ a^x+C$; (2) $\sin x+\frac{1}{\sqrt{1-x^2}},\sin x+\frac{1}{\sqrt{1-x^2}}+C,\ -\cos x+\arcsin x+C$.

2. 提示 验证等式右端的导数等于左端的被积函数即可.

3. (1) $x-2\ln|x|-\frac{3}{2x^2}+C$; (2) $\frac{2}{5}x^{\frac{5}{2}}+\frac{4}{3}x^{\frac{3}{2}}+2x^{\frac{1}{2}}+C$;

(3) $\frac{2}{3}x^3-2x+2\arctan x+C$; (4) $-\frac{1}{x}-\arctan x+C$; (5) $\frac{2}{3}x\sqrt{x}-3x+C$;

(6) $\arcsin x+C$; (7) $\frac{(24)^x}{\ln 24}+C$; (8) $-\cot x-x+C$;

(9) $\frac{1}{2}(x+\sin x)+C$; (10) $\tan x-\sec x+C$;

(11) $\sin x+\cos x+C$ **提示** $\cos 2x=\cos^2 x-\sin^2 x$;

(12) $\tan x-\cot x+C$ **提示** $1=\sin^2 x+\cos^2 x$.

4. $y=\sqrt{x}+1$.

B 组 1. $\frac{a^x}{\ln^2 a}+Cx+C_1$. **提示** $f'(x)=a^x,f(x)=\int f'(x)\mathrm{d}x=\frac{a^x}{\ln a}+C,\int f(x)\mathrm{d}x=\frac{a^x}{\ln^2 a}+Cx+C_1$.

2. e^x+C. **提示** $f(\mathrm{e}^x)=\ln\mathrm{e}^x,f'(\mathrm{e}^x)=\frac{1}{\mathrm{e}^x},\int\mathrm{e}^{2x}\cdot\mathrm{e}^{-x}\mathrm{d}x=\mathrm{e}^x+C$.

习 题 4.2

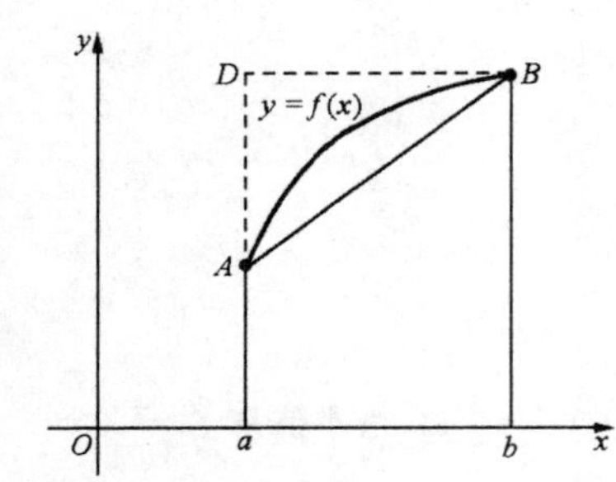

A 组 1. (1),(2)均对. **2.** (1),(2),(3),(4)均对.

B 组 2. 提示 在$[a,b]$上,$f'(x)>0,f''(x)<0$,说明曲线 $y=f(x)$ 在$[a,b]$上上升且下凹,如图所示

$$\int_a^b f(x)\mathrm{d}x=曲边梯形\ aABb\ 的面积,$$

$$(b-a)\frac{f(a)+f(b)}{2}=梯形\ aABb\ 的面积,$$

$$(b-a)f(b)=矩形\ aDBb\ 的面积.$$

习 题 4.3

A组 **1.** (1) 否； (2) 否； (3) 否； (4) 对. **2.** $4\frac{1}{3}$.

3. (1) $\frac{b^{n+1}-a^{n+1}}{n+1}$； (2) $1-\frac{\pi}{4}$； (3) $\frac{\pi}{4}$； (4) e； (5) 1； (6) 4.

4. (1) 0； (2) $2(e-1)$； (3) $\frac{\pi}{2}-1$； (4) 0.

B组 **1.** (C).

2. $f(x)=\sqrt{1-x^2}+\frac{\pi}{2-\pi}\cdot\frac{1}{1+x^2}$.

提示 设 $a=\int_{-1}^{1}f(x)\mathrm{d}x$，已知等式两端在区间$[-1,1]$上求定积分，有

$$a=\int_{-1}^{1}\sqrt{1-x^2}\mathrm{d}x+a\int_{-1}^{1}\frac{1}{1+x^2}\mathrm{d}x,\quad a=\frac{\pi}{2}+a\left[\frac{\pi}{4}-\left(-\frac{\pi}{4}\right)\right],\quad 即\quad a=\frac{\pi}{2-\pi}.$$

习 题 4.4

A组 **1.** 全部错误.

(1) $\int\sin 2x\mathrm{d}x=\frac{1}{2}\int\sin 2x\mathrm{d}(2x)=-\frac{1}{2}\cos 2x+C$；

(2) $\int\frac{1}{1-x}\mathrm{d}x=-\int\frac{1}{1-x}\mathrm{d}(1-x)=-\ln|1-x|+C$；

(3) $\int\frac{\ln x}{x}\mathrm{d}x=\int\ln x\mathrm{d}(\ln x)=\frac{1}{2}(\ln x)^2+C$；

(4) $\int\frac{1+\sin x}{\sin^2 x}\mathrm{d}x=\int\frac{1}{\sin^2 x}\mathrm{d}x+\int\frac{1}{\sin x}\mathrm{d}x=-\cot x+\ln|\csc x-\cot x|+C$.

2. (1) $\frac{1}{3}e^{3x}+C$； (2) $e^{\sin x}+C$； (3) $-\frac{1}{18}(1-2x)^9+C$；

(4) $\frac{2}{9}(1+3x)^{\frac{3}{2}}+C$； (5) $\frac{1}{3}(3+\ln x)^3+C$； (6) $\frac{1}{2}\ln|x^2+8x-4|+C$；

(7) $-\ln|\cos e^x|+C$； (8) $\frac{1}{6}\arctan\frac{2x}{3}$； (9) $\arcsin(\ln x)+C$；

(10) $\frac{1}{6}(2x^2+5)^{\frac{3}{2}}+C$； (11) $2\ln|\sin\sqrt{x}|+C$； (12) $\frac{1}{12}\ln\left|\frac{2+3x}{2-3x}\right|+C$；

(13) $\frac{1}{2}x-\frac{1}{4}\sin 2x+C$； (14) $\frac{1}{3}\cos^3 x-\cos x+C$ **提示** $\sin^3 x=(1-\cos^2 x)\sin x$；

(15) $\frac{1}{2}(\arcsin x)^2+C$.

3. (1) $\frac{1}{5}(e-1)^5$； (2) $\frac{1}{2}\ln 2$； (3) $\frac{3}{2}$； (4) $\frac{\pi}{4}$； (5) $1-e^{-\frac{1}{2}}$； (6) $\frac{1}{2}(e-1)$.

4. (1) $-\frac{4}{3}$； (2) $\frac{76}{15}$； (3) $\frac{3}{2}\ln\frac{5}{2}$. **5.** (1) $\frac{\pi}{12}-\frac{\sqrt{3}}{8}$； (2) $\frac{\pi}{12}$； (3) $\ln\frac{\sqrt{2}+1}{\sqrt{3}}$.

B组 **1.** (1) $\arcsin e^x + C$. **提示** 原式 $= \int \frac{e^x}{e^{2x}+1} dx$.

(2) $2\arcsin \frac{e^{\frac{x}{2}}}{4} + C$. **提示** 原式 $= 2\int \frac{1}{\sqrt{4^2 - (e^{\frac{x}{2}})^2}} de^{\frac{x}{2}}$.

(3) $-\frac{1}{x\sin x} + C$. **提示** 原式 $= \int \frac{1}{(x\sin x)^2} d(x\sin x)$.

(4) $\frac{\pi}{2}$. **提示** 原式 $= \int_{-1}^{1} \frac{x\ln(1+x^2)}{1+x^2} dx + \int_{-1}^{1} \frac{1}{1+x^2} dx = 0 + 2\int_0^1 \frac{1}{1+x^2} dx$.

(5) $\frac{\pi^3}{324}$. **提示** 原式 $= \int_{-\frac{1}{2}}^{\frac{1}{2}} \frac{x\cos^2 x}{\sqrt{1-x^2}} dx + \int_{-\frac{1}{2}}^{\frac{1}{2}} \frac{(\arcsin x)^2}{\sqrt{1-x^2}} dx = 0 + 2\int_0^{\frac{1}{2}} (\text{arsin}x)^2 d(\arcsin x)$.

2. (1) $-\frac{1}{2}(1-x^2)^2 + C$. **提示** 原式 $= -\frac{1}{2}\int f(1-x^2) d(1-x^2)$.

(2) $\frac{1}{2}\sin(\sqrt{2x^2-1})^2 + C$. **提示** 原式 $= \frac{1}{2}\int f(\sqrt{2x^2-1}) d(\sqrt{2x^2-1})$.

(3) $\frac{1}{2}[2^{2x} + (2x)^2] + C$. **提示** 原式 $= \frac{1}{2}\int f'(2x) d(2x) = \frac{1}{2} f(2x) + C$.

习 题 4.5

A组 **1.** (1) $-x\cos x + \sin x + C$; (2) $e^x(x^2 - 2x + 2) + C$;

(3) $x^2\sin x + 2x\cos x - 2\sin x + C$; (4) $\frac{1}{2}x^2\ln x - \frac{1}{4}x^2 + C$;

(5) $\frac{x^2}{2}\text{arccot}x + \frac{x}{2} - \frac{1}{2}\arctan x + C$; (6) $x\ln(1+x^2) - 2x + 2\arctan x + C$.

2. (1) $1 - \frac{2}{e}$; (2) $\frac{\pi}{4} + \frac{1}{2}\ln 2$; (3) $\frac{\pi}{4}$;

(4) $\frac{\pi}{12} + \frac{\sqrt{3}}{2} - 1$; (5) $4(2\ln 2 - 1)$; (6) $2\left(1 - \frac{1}{e}\right)$.

B组 **1.** (1) $\ln x \cdot \ln\ln x - \ln x + C$. (2) 2. **提示** 原式 $\xlongequal{\text{令 } x = t^2} 2\int_0^{\frac{\pi}{2}} t\sin t dt$.

2. e. **提示** 由已知条件，$f(x) = (xe^x)' = e^x(1+x)$. 由分部积分法

$$\text{原式} = xf(x)\Big|_0^1 - \int_0^1 f(x)dx = xe^x(1+x)\Big|_0^1 - xe^x\Big|_0^1 = e.$$

习 题 4.6

A组 **1.** (1) 1. (2) 1. (3) 2. **提示** 原式 $= \int_2^{+\infty} (x-1)^{-\frac{3}{2}} d(x-1)$.

(4) $\frac{1}{2}\ln 2$. **提示** 原式 $= \int_1^{+\infty} \frac{1+x^2-x^2}{x(x^2+1)} dx = \int_1^{+\infty} \left(\frac{1}{x} - \frac{x}{x^2+1}\right) dx$.

(5) $\frac{\pi}{2}$. **提示** 原式 $= \int_{-\infty}^{+\infty} \frac{e^x}{1+e^{2x}} dx$.

2. (2) **提示** $\int \frac{x}{\sqrt{1+x^2}}\mathrm{d}x = \int \frac{1}{2\sqrt{1+x^2}}\mathrm{d}(1+x^2) = \sqrt{1+x^2}$.

B组 **1.** 当 $k>0$ 时,收敛,其值为$\frac{1}{k}$;当 $k\leqslant 0$ 时,发散.

2. 1. **提示** 取 $b>0$,$\int_0^b x\mathrm{e}^{-x}\mathrm{d}x = 1-\frac{b+1}{\mathrm{e}^b}$,原式 $=\lim\limits_{b\to+\infty}\left(1-\frac{b+1}{\mathrm{e}^b}\right)=1$.其中,$\lim\limits_{b\to+\infty}\frac{b+1}{\mathrm{e}^b}$ 是$\frac{\infty}{\infty}$型未定式,用洛必达法则.

习 题 4.7

A组 **1.** (1) $\frac{3}{2}-2\ln 2$; (2) $2(\sqrt{2}-1)$; (3) $\frac{1}{2}+\ln 2$.

2. $\frac{9}{2}$. **提示** $A=\int_0^1[\sqrt{x}-(-\sqrt{x})]\mathrm{d}x+\int_1^4[(2-x)-(-\sqrt{x})]\mathrm{d}x$,或 $A=\int_{-2}^1[(2-y)-y^2]\mathrm{d}y$.

3. (1) 9987.5; (2) 19850; (3) $Q=20000$, $R(20000)=2000000$.

4. (1) $C=0.2Q^2+2Q+20$(万元); (2) $\pi=-0.2Q^2+16Q-20$(万元);

(3) $Q=40$ 吨,$\pi=300$ 万元.

5. (1) $R=7Q-Q^2$; (2) 250 台,3.25 万元; (3) -0.25 万元.

B组 **1.** $\frac{1}{12}$. **提示** $A=\int_0^{\frac{1}{2}}x^2\mathrm{d}x+\int_{\frac{1}{2}}^1[x^2-(2x-1)]\mathrm{d}x$,或 $A=\int_0^1\left[\frac{1}{2}(y+1)-\sqrt{y}\right]\mathrm{d}y$.

2. $Q=41$,$\pi=5615.4$. **提示** 由 $Q=100-\frac{1}{3}P$ 得 $P=300-3Q$,收益函数 $R=P\cdot Q=(300-2Q)Q$.

习 题 4.8

A组 **1.** (1) 通解; (2) 特解.

2. (1) $y=C(x+1)+1$; (2) $y=\tan(\ln Cx)$; (3) $y=\sin x$; (4) $y=4\cos x-3$.

3. (1) $y=\frac{1}{x}[-(x+1)\mathrm{e}^{-x}+C]$; (2) $y=2+C\mathrm{e}^{-x^2}$; (3) $y=\frac{1}{6}x^4$;

(4) $y=\frac{1}{2}(\mathrm{e}^x+\sin x-\cos x)$.

4. $y=\mathrm{e}^x-3$. **提示** 微分方程为 $y'=y+3$.

B组 **1.** $Q=1000\mathrm{e}^{-0.04P}$. **提示** 设需求函数为 $Q=\varphi(P)$,依题意,有

$$\frac{P}{Q}\frac{\mathrm{d}Q}{\mathrm{d}P}=-0.04P, \quad 且 \quad P=0 时,Q=1000.$$

2. 900 元. **提示** 设设备在任意时刻 t(单位:年)的价值为 P,则 $P=P(t)$.依题设

$$\frac{1}{P}\frac{\mathrm{d}P}{\mathrm{d}t}=-k(k>0,-k 为贬值率), \quad 且 t=0 时,P=10000.$$

分离变量,可解得 $P=10000\mathrm{e}^{-kt}$.

由 $t=5$ 时,$P=3000$ 得 $3000=10000\mathrm{e}^{-5k}$,即 $\mathrm{e}^{-5k}=\frac{3}{10}$.于是 $P=10000\mathrm{e}^{-10k}=10000(\mathrm{e}^{-5k})^2=900$(元).

总 习 题 四

1. $-\cos x+Cx+C_1$； (2) $\frac{1}{4}f^2(x^2)+C$； (3) $xf'(x)-f(x)+C$； (4) $\frac{\pi}{2}$； (5) 1.

提示 (1) 依题设 $f'(x)=\cos x$，故 $f(x)=\sin x+C$.

(2) 原式 $=\frac{1}{2}\int f(x^2)\mathrm{d}f(x^2)=\frac{1}{4}f^2(x^2)+C$. (3) 用分部积分法.

(4) $\frac{\sin^3 x}{1+x^2}$ 在 $[-1,1]$ 上是奇函数，原式 $=\int_{-1}^{1}\frac{1}{1+x^2}\mathrm{d}x$.

(5) 原式 $=\int_{-\infty}^{0}0\mathrm{d}x+\int_{0}^{+\infty}\lambda \mathrm{e}^{-\lambda x}\mathrm{d}x=1$.

2. (1) (C)； (2) (D)； (3) (B)； (4) (D)； (5) (B).

提示 (3) 按分部积分法，

$$g(x)=\int\frac{1}{\sin^2 x}\mathrm{d}x=-\cot x；\quad f'(x)g(x)=-\cot^2 x，\quad 即\quad f'(x)=\cot x，f(x)=\ln\sin x.$$

3. (1) $4x-5\arctan x+C$. **提示** 原式 $=\int\frac{4x^2+4-5}{1+x^2}\mathrm{d}x=\int\left(4-\frac{5}{1+x^2}\right)\mathrm{d}x$.

(2) $2(1+\tan x)^{\frac{1}{2}}+C$. **提示** 原式 $=\int(1+\tan x)^{-\frac{1}{2}}\mathrm{d}(1+\tan x)$.

(3) $x\ln(x+\sqrt{1+x^2})-\sqrt{1+x^2}+C$. **提示** 用分部积分法，设 $u=\ln(x+\sqrt{1+x^2})$，$\mathrm{d}v=\mathrm{d}x$，则

$$原式=x\ln(x+\sqrt{1+x^2})-\int\frac{x}{\sqrt{1+x^2}}\mathrm{d}x=x\ln(x+\sqrt{1+x^2})-\frac{1}{2}\int\frac{1}{\sqrt{1+x^2}}\mathrm{d}(1+x^2).$$

(4) $7\frac{1}{3}$.

(5) $\frac{\pi}{4}$. **提示** 设 $x=\sqrt{2}\sin t$，则原式 $=\int_{0}^{\frac{\pi}{2}}\sin^2 2t\mathrm{d}t$.

(6) $-\frac{\pi}{2}$. **提示** 用分部积分法.

4. π. **提示** 原式 $=\int_{-\infty}^{+\infty}\frac{1}{(x+1)^2+1}\mathrm{d}(x+1)$.

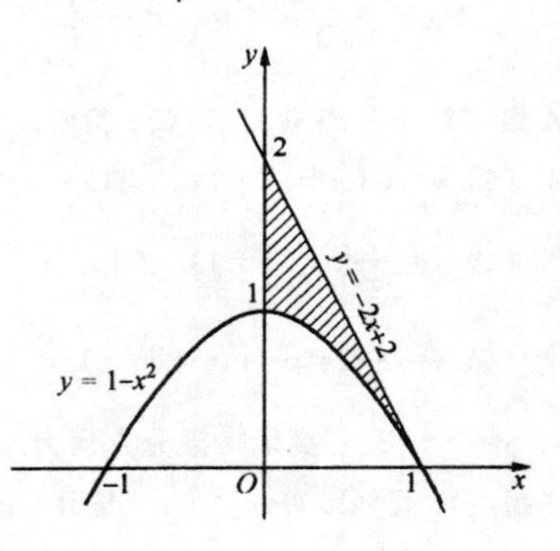

5. $\frac{1}{3}$. **提示** 过点(1,0)与抛物线 $y=1-x^2$. 所求面积(如图)

$$A=\int_{0}^{1}[(-2x+2)-(1-x^2)]\mathrm{d}x.$$

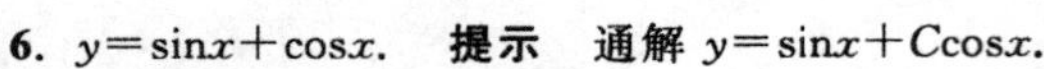

6. $y=\sin x+\cos x$. **提示** 通解 $y=\sin x+C\cos x$.

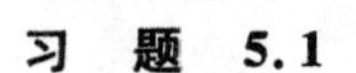

习 题 5.1

A组 **1.** (1) $\{(x,y)\mid x+y>0\}$； (2) $\{(x,y)\mid -1\leqslant x\leqslant 1,-1\leqslant y\leqslant 1\}$.

2. (1) $\frac{9}{2},\frac{1}{a^2}$； (2) $\frac{x^2-y^2}{2x}$.

B组 1. $(x^2+y^2)e^{xy}$. **提示** 设 $u=x+y, v=x-y$,可解得 $x=\frac{1}{2}(u+v), y=\frac{1}{2}(u-v)$. 于是 $f(u,v)=2\left[\left(\frac{u+v}{2}\right)^2+\left(\frac{u-v}{2}\right)^2\right]e^{\left(\frac{u+v}{2}\right)^2-\left(\frac{u-v}{2}\right)^2}=(u^2+v^2)e^{uv}$.

习 题 5.2

A组 1. (1) $3x^2y-6xy^3, x^3-9x^2y^2$; (2) ye^{xy}, xe^{xy}; (3) $\ln y+\frac{y}{x}, \frac{x}{y}+\ln x$;

(4) $\frac{x}{\sqrt{x^2+y^2}}, \frac{y}{\sqrt{x^2+y^2}}$; (5) $y\cos(xy), x\cos(xy)$; (6) $2x\cos 2y, -2x^2\sin 2y$.

2. $\frac{2}{5}, \frac{2}{5}$.

3. (1) $z_{xx}=2e^y, z_{yy}=x^2e^y, z_{xy}=2xe^y, z_{yx}=2xe^y$;

(2) $z_{xx}=y(y-1)x^{y-2}, z_{yy}=x^y\ln^2 x, z_{xy}=x^{y-1}+yx^{y-1}\ln x, z_{yx}=x^{y-1}+yx^{y-1}\ln x$;

(3) $z_{xx}=\frac{x+2y}{(x+y)^2}, z_{yy}=-\frac{x}{(x+y)^2}, z_{xy}=\frac{y}{(x+y)^2}, z_{yx}=\frac{y}{(x+y)^2}$;

(4) $z_{xx}=\frac{2xy}{(x^2+y^2)^2}, z_{yy}=-\frac{2xy}{(x^2+y^2)^2}, z_{xy}=-\frac{x^2-y^2}{(x^2+y^2)^2}, z_{yx}=-\frac{x^2-y^2}{(x^2+y^2)^2}$.

B组 1. (1) $\frac{y^2}{(x^2+y^2)\sqrt{x^2+y^2}}, -\frac{xy}{(x^2+y^2)\sqrt{x^2+y^2}}$; (2) $\cot(x-2y), -2\cot(x-2y)$;

(3) $3x^2\ln(x^3+y^3)+\frac{3x^5}{x^3+y^3}, \frac{3x^3y^2}{x^3+y^3}$; (4) $(1+xy)^x\ln(1+xy)+xy(1+xy)^{x-1}, x^2(1+xy)^{x-1}$.

2. 1. 4. $\frac{\sec^2 x}{\tan x+2\tan y+3\tan z}, \frac{2\sec^2 y}{\tan x+2\tan y+3\tan z}, \frac{3\sec^2 z}{\tan x+2\tan y+3\tan z}$.

习 题 5.3

A组 1. (1) 极小值为 $f(1,1)=-1$; (2) 极大值为 $f(2,-2)=8$.

2. 长、宽、高分别为 4 m, 4 m, 2 m. 3. $Q_1=120, Q_2=80$.

4. $P_1=80, P_2=120$,最大利润为 $\pi(8,4)=605$.

5. $K=8, L=16, Q=48$,最大利润为 $\pi(8,16)=16$.

B组 1. (1) 极小值为 $f(1,0)=-5$,极大值为 $f(-3,2),=31$; (2) 极小值为 $f\left(\frac{1}{2},-1\right)=-\frac{e}{2}$.

2. $Q_1=5, Q_2=7.5; P_1=37.5, P_2=57.5$.

习 题 5.4

A组 1. $x=\frac{l}{2}, y=\frac{l}{2}$. 2. $Q_1=42, Q_2=14; C=13720$.

3. $K=5, L=25; Q=500\sqrt[4]{125}$. 4. $K=16, L=4$.

B组 1. (1) $x=1.25$ 万元, $y=1.5$ 万元; (2) $x=0.125$ 万元, $y=1.875$ 万元.

提示 (1) 无条件极值问题. 利润函数为

$$\pi = R(x,y)-(x+y) = 2-2x^2-10y^2-8xy+17x+40y.$$

(2) 条件极值问题.目标函数是利润函数

$$\pi = R(x,y)-(x+y), \quad \text{约束条件是 } x+y-2=0.$$

2. 长 $=2\,\mathrm{m}$,宽 $=2\,\mathrm{m}$,高 $=\frac{9}{8}\,\mathrm{m}$. **提示** 条件极值问题.设长、宽、高分别为 x,y 和 z,则目标函数和约束条件分别为

$$u(x,y,z) = 9xy+16xz+16yz, \quad xyz-\frac{9}{2}=0.$$

辅助函数 $F(x,y,z)=u(x,y,z)+\lambda\left(xyz-\frac{9}{2}\right)$.解方程组

$$\begin{cases} F_x = 0, \\ F_y = 0, \\ F_z = 0 \end{cases} \quad \text{得} \quad x=y=2,\ z=\frac{9}{8}.$$

习 题 5.5

1. $y=1.051x-1.536$. **2.** $y=0.0487x-2.26$.

总 习 题 五

1. (1) $\frac{\sqrt{1+x^2}}{x}$; (2) $\frac{1}{2}$, 0; (3) $4+12\ln 2$; (4) 0.

2. (1) (A); (2) (C); (3) (B); (4) (B).

3. (1) $\cos x \cdot e^{\sin x}\cos y, -\sin y \cdot e^{\sin x}$; (2) $\sin(x+y)+x\cos(x+y)+y^2 e^{xy^2}$, $x\cos(x+y)+2xye^{xy^2}$;

(3) $\frac{x}{x^2+y^2}, \frac{y}{x^2+y^2}$.

4. $\frac{1}{2e}$. **6.** 极小值为 $f(2,1)=-8$.

7. $Q_1=8, Q_2=2; P_1=36, P_2=16$. **提示** 无条件极值.两个市场的收益函数分别为

$$R_1 = P_1Q_1 = 60Q_1-3Q_1^2, \quad R_2 = 20Q_2-2Q_2^2.$$

利润函数 $\pi=R_1+R_2-C=60Q_1-3Q_1^2+20Q_2-2Q_2^2-12(Q_1+Q_2)-4$.

8. 三个数均为$\frac{50}{3}$. **9.** $x=90, y=140$.